세계를 제패하는
K-방산 스토리

세계를 제패하는

K·방산 스토리

이일장·이채윤 공저

작가교실

나는 1978년 대학을 졸업하고 현대그룹에 입사했다. 현대중공업 조선사업부에 배속되었다. 그즈음 울산조선소에 중기사업부라는 사업부가 있었다. 이 부서에서 전차(TANK)를 한국 최초로 조립하여 야간에 조선소 안에서 주행시험을 하고 있었다. 중기사업부는 내가 현대그룹에 입사한 그해 10월에 창원국가산업단지(창원기계공단)으로 옮겨졌고, 나는 신설된 회사의 창립 멤버 중 한 사람이 되었다. 그곳이 현재의 현대로템이다.

우리나라 방위산업의 실질적인 모태는 창원국가산업단지이다. 박정희 정부에서 방위사업 육성을 국가정책으로 정하고 창원공단에 방위산업을 집중 유치하여 현대중공업 중기사업부가 창원에 세워지게 되었다. 종합기계공업단지로 창원이 선정된 것은 포항종합제철과 지리적으로 가깝고, 낙동강 공업용수가 풍부하며, 마산 수출자유지역이 인접해 있어서 기술도입에도 유리했기 때문이었다.

창원국가산업단지는 5,000만㎡(1,500만 평)가 넘는 대규모로 기획되었다. 부지 안에 창원역, 상남역, 성주역, 이 3개 철도역과 3개 면이 포함되는 상상을 초월하는 규모였다.

내가 근무하는 공장은 창원 입구 남쪽에 약 20만 평 규모로 자리 잡았다. 지하철 전동차 등을 만드는 철도차량사업 부문, 산업설비를 제작하는 산기사업 부문 그리고 방위산업 물자를 생산하는 방위사업부 등 3개 부서로 구성되었다.

모든 것을 처음 시작하는 공장이었다. 공장 입구는 포장도 안 되어 있었고, 화단에는 조경수도 없던 그야말로 삭막하기 그지없 던 환경이었다.

말단사원이었던 나에게 방산물자의 원가계산과 정산 업무가 운 명처럼 맡겨졌다. 그 발령이 나를 방위산업이라는 전혀 새로운 분 야에 입문하게 만들었다. 어느 정도 연륜이 쌓인 후에는 그쪽 분 야의 전문가로서 새로운 입지를 갖는 계기를 마련하게 되었다. 방 산물자의 생산공장이 한국에 처음 태동되던 때였다.

중기사업부 근무는 내 직장생활 32년의 초석을 다지는 기회가 되었다.

처음 나에게 주어진 업무는 정통 경리업무를 보는 경리맨들에 게는 다소 생소한 일이었다. 다른 직원들이 담당하기를 꺼린 것같 이 보였는데 내게는 오히려 새로운 분야를 접하게 된 것이 흥미롭 게 여겨졌다.

기업의 입장에서 볼 때 방산제품 원가정산 업무는 매우 특이한 일이다. 방산제품으로 지정된 물자는 경쟁입찰로 계약을 할 수 없 고 수의계약으로 한다. 소비자가 유일한 정부이기 때문에 여러 회 사가 경쟁하여 낙찰되지 못하면 회사는 도산할 수밖에 없다. 특정 방산제품은 제조업체를 한 개만 지정하여 수의계약으로 계약하고 방산물자를 생산하게 되어 있다. 이때 판매가격은 원가계산에서 정해진 가격으로 계약하게 되는데, 이렇게 생산 중간에 원가를 조사(정산)하여 판매단가를 확정하여 주는 제도는 중도확정계약이라 한다. 그리고 생산이 완료되면 판매단가를 조사(정산)하여 판매단가를 확정하면 개산원가(槪算原價) 계약이라고 한다.

경쟁업체가 있는 일반 회사는 가격이 이미 시장에 형성되어 있다. 시장가격에 맞추지 못하면 경쟁에서 이길 수 없다. 방위산업 생산업체를 경쟁체제로 하면 계약에서 탈락한 업체는 도산할 수밖에 없으므로 방위사업에 관한 특별법을 만들어 수의계약 하도록 제도화되어 있다. 방산물자는 원가계산에 관한 규정을 만들어 계약 업무에 활용하고 있다.

나는 창원에서 20년간 방산물자의 원가계산과 정산 업무를 맡아하면서 'K-방산'의 현장에 있었다. 나의 젊은 날은 'K-방산'의 성장과 함께 한 나날이었다.

전쟁이 한 번도 없었던 시대는 없었다. 냉전 이후에도 전쟁은 지구상에서 계속해서 일어났다. 세계대전과 같은 전면전이 다시 일어나지 않았을 뿐인데 작금에 일어나고 있는 우크라이나 전쟁은 서방과 러시아의 대리전 양상을 보이고 있다. 뾰족한 출구전략이 없는 한 전쟁은 더 장기화 될 것이며 K-방산은 호황을 이어 나갈 것이다.

방산 호황이라는 것을 달갑지 않게 여기는 이들도 많이 있으나 방위산업은 전쟁을 하지 않기 위해서 하는 산업이다. 러시아-우크라이나 전쟁에서 보듯이 유럽은 50년마다 전쟁이 있어 왔다. 유럽인들은 이를 잊고 평화에만 취해 있다가 신냉전 시대를 맞이해서 혹독한 대가를 치루고 있는 셈이다. 나는 그들의 수요에 응답하는 것이 우리의 임무라는 판단을 하고 있다. 지금 우리가 누리고 있는 방산 호황은 당분간 이어져나가서 제2의 반도체 효과를 낼 것이다. 분명히 기억해야 할 것은 이것은 70년 분단의 아픔을 이겨내며 우리가 이룩한 성취라는 것을 잊지 말아야 한다는 것이다.

앞으로 K-방산이 글로벌 4위에 오르고, 우리 대한민국이 미·중 패권 싸움에서 슬기롭게 평화를 유지하며 통일에 이르기를 기원해 본다.

2023년 4월
이일장

왜 K-방산인가

문명사적 전환을 알리는 신호탄

2022년 2월 24일, 러시아는 '특별군사작전'이라는 명목으로 우크라이나 침공을 단행했다. 러시아의 일방적인 우크라이나 침공은 전 세계를 충격에 빠뜨렸으나 일견 예정된 침공이기도 했다. 러시아는 진작부터 우크라이나를 둘러싼 군사적 긴장을 고조시키고 있었다. 눈 밝은 전문가들은 러시아의 침공 가능성을 경고했으나 아무도 귀 기울이지 않았다.

문제는 예상과는 달리 전쟁이 장기화되고 있다는 데 있다. 미군 장성조차 사흘 만에 끝나리라 점쳐졌던 전쟁이 해를 넘기고 계속 이어지고 있다. 게다가 문제는 누구도 승리를 예단하기 힘든 전쟁이 되고 말았다는 데 있다. 러시아는 왜 우크라이나 침공이라는 무리수를 감행한 것일까? 그것을 블라디미르 푸틴 대통령 한 사람만의 독단과 야욕 때문이라고 보는 것은 어리석은 생각이다.

러우전쟁(이하 러우전쟁으로 통일)은 문명사적 전환을 알리는 신호탄이다. 냉전 이후 30여 년간 지속되어 온 미국 단일패권의 시대가 끝나고 세계를 움직이는 힘이 이동하고 있음을 보여주는 전쟁이다. 그동안 세계질서는 미국에 의해 정해지고 유지되었으나 이제 신세계의 질서가 새롭게 짜여져 가고 있다. 2010년대 이후 현재까지 진행 중인 탈세계화는 자국 우선주의라는 새로운 지정학적 국면을 전개하고 있다.

　대표적인 사례가 '상하이협력기구(SCO: Shanghai Cooperation Organization)'의 등장이다. 처음에 이 기구는 유라시아 지역 경제 안보 협의체를 표방하며 중국, 러시아, 카자흐스탄, 키르기스스탄, 타지키스탄 5개국으로 출발했다. 새롭게 G2로 부상하며 미국과 맞장을 뜨기 시작한 중국은 이 기구의 구심점이 되어 세계질서 개편에 나서기 시작했다. 새로운 지정학적 국면을 맞아 인도. 파키스탄, 몽골, 베라루시, 네팔, 아프가니스탄, 이란, 사우디아라비아, 이집트, 튀르키예 등이 가입 또는 파트너로 참여함에 따라 미국을 견제하는 유라시아·중동 벨트가 만들어져 가고 있다. 전통적인 친미 맹방이었던 사우디아라비아와 나토국가인 튀르키예가 상하이협력기구에 참여하고 있다는 것은 한마디로 지정학적 패권이 바뀌고 있음을 반증하는 사건이 아닐 수 없다.

　2021년 미국이 아프가니스탄에서 굴욕적인 철수를 단행했을 때였다. 중국은 그 즉시 대만에 대한 위협을 강화했고, 러시아는 우크라이나 국경지대에 군대를 집결시켰다. 미국을 적대시하는 강대국들의 패권 경쟁이 다시 시작된 셈이다. 2022년 2월 러시아의 우크라이나 침공은 힘의 공백을 메우기 위한 푸틴 대통령의 예견된 노림수에서 시작된 셈이다.

명품 무기로 거듭나는 K-방산

　전쟁의 원인이야 어찌 되었든 러우전쟁은 수십만의 사상자를 내고 우크라이나를 황폐화시켰으며, 세계 경제를 수렁 속으로 빠트리고 있다. 또한 러시아의 우크라이나 침공으로 유럽 전역에 군비증강 열풍이 불기 시작했다. 우크라이나와 국경이 맞닿아 있는 폴란드인들은 러시아의 다음 침공 목표가 자신들의 나라가 될지 모른다는 걱정에 휩싸여 있다. 폴란드는 러시아로부터 여러 차례 침략당한 역사를 지니고 있기에 그들의 우려는 더욱 크다. 이런 상황에서 폴란드는 우크라이나 방어를 위해 자국 군대가 사용하던 전차 400대 중 200대를 비롯해 전투기, 자주포, 다연장로켓, 장갑차 등을 대거 지원했는데 전력의 공백 상태를 시급하게 메꾸지 않을 수 없었다. 폴란드는 법까지 뜯어고쳐 군대 규모를 2배로 확장하는 등 대대적 군비증강에 나섰다.

문제는 무기를 구입한 곳이 마땅치 않다는 점이었다. 냉전 이후 전개된 평화 무드로 30년 동안 유럽 방위산업 생태계는 망가진 상태였다. 무기 제조 강국인 독일조차 빠른 시일 내 많은 무기를 공급해달라는 요구를 따라갈 능력이 없는 것이다.

폴란드의 선택은 한국이었다. 폴란드는 요구 조건을 충족할 수 있는 해외 파트너를 물색한 끝에 한국이라는 매력적 대안을 찾았다. 국방장관을 중심으로 한 대표단을 한국에 보내 도입 대상인 무기 체계를 직접 확인한 뒤 한국과 대규모 방산 협력을 결정했다. 이번에 성사된 폴란드로의 방산 수출은 품목이 다양하고 전체 거래액도 역대 최대 규모다.

7월 27일 한국과 폴란드는 K-2전차, K-9자주포, FA-50경공격기, K-239 천무 다연장로켓 등을 수출 계약 맺었다. 한국은 놀랍게도 실행계약 체결 약 3개월 만에 초도 물량인 K-2전차 10대와 K-9자주포 24문을 폴란드 현지에 도착시킴으로써 세계를 놀라게 했다. 그날 폴란드 대통령은 수도에서 300㎞ 떨어진 그드니아 항구까지 나가서 국산 무기를 맞이하며 기뻐했다.

이는 K-방산의 특징인 '가성비', '빠른 납기', '기술이전'이라는 3박자 경쟁력으로 글로벌 게임체인저로 자리 잡기 시작한 쾌거였다. 불과 몇 달 전까지만 해도 상상도 못 할 일이 벌어지고 있다.

폴란드 잭팟을 시작으로 한국 방위산업이 건국 이래 최대 호황기를 맞고 있다.

러시아 우크라이나 전쟁이 가져다준 K-방산의 기회라고 할 수 있겠는데, 남의 불행이 우리의 행운이 된 것이지만, 이는 준비된 자의 행운이랄 수 있다. 속단하기는 그렇지만 러우 전쟁의 가장 큰 수혜자는 한국이다. 분단이 가져다준 아픔이 세계가 주목하는 한국 무기 체계를 만들어 낸 덕분이다. 저렴한 가격과 빠른 납품, 우수한 성능은 물론이고 탁월한 후속 군수지원까지 뒷받침되는 '메이드 인 코리아' 무기가 주목받을 수밖에 없는 상황인 것이다. 이른바 '폴란드 잭팟'이 터진 배경이다.

2020년도 30억 달러를 기록하던 우리 방산 수출액은 2021년 70억 달러를 기록했고, 2022년에는 170억 달러를 넘어서는 기염을 토했다. 2023년을 맞이해서도 K-방산이 뜨겁다. 호주, 인도, 이집트, 사우디아라비아, 노르웨이, 루마니아 등 명품 무기로 거듭나는 K-방산을 향한 러브콜은 계속 이어지고 있다.

전문가들은 무엇보다 국가의 응축된 기술력이 글로벌 패권을 결정짓는 핵심 변수로 떠오르면서 IT 인프라가 탄탄한 한국이 탈

세계화·탈중국화 흐름을 타고 새로운 도약의 계기가 될 것이라는 전망을 하고 있다.

세계적 권위를 가진 '영국 옥스퍼드 영어사전'에 'K-'라는 단어가 새로이 등재됐다. 'K-팝', 'K-드라마'로 상징되는 한국의 대중문화가 'K-'라는 접두사까지 만든 것이다. 그런 가운데 최근 'K-방산'이라는 분야가 뜨겁게 떠오르고 있다.

소총 탄약부터 탱크, 자주포, 장갑차, 미사일, 초음속 전투기까지 수출하고 있는 K-방산은 수년 내에 세계 4위권 국가에 오를 것이라는 전망을 낳고 있다.

한국은 70여 년 전 6·25전쟁이 일어났을 때 탱크 한 대 없이 전쟁을 맞았다. 1960년대 말 국방 위기가 닥쳤을 때도 소총 한 자루 만들지 못하던 나라였다. 그런 나라가 어떻게 반세기 만에 세계 4대 방산 국가의 지위를 넘보게 된 것일까? 이제부터 K-방산이 걸어온 스토리를 따라가 보기로 하자.

차례

 K-방산의 시작 : 자주국방의 의지

 분단의 아픔을 이겨내며 발전한 K-방산

제3장 새로운 지정학적 국면의 전개

제 **1** 장

K-방산의 시작

자주국방의 의지

우리가 'K-방산 스토리'를 집필하기 시작한 후 주변의 반응은 두 가지로 나뉜다.

무기 수출이 잘 되어 한국의 힘이 방산 분야에도 일어나고 있구나 하는 호의적 반응과 사람을 살상하는 무기 장사가 잘되는 것이 무에 그리 좋냐 하는 서늘한 반응이 그것이다.

부정적인 반응이 꽤 많아서 우리는 심사숙고하지 않을 수 없었다. 그러나 조금만 더 생각해보면 방위산업은 전쟁을 하지 않기 위해 하는 사업이다. 우리 동네 아저씨들이 힘이 없으면 옆 동네의 아저씨들이 쳐들어와서 재산이며 아녀자들을 강탈해가는 것이 인류 역사였다. 평화는 힘이 있어야만 지켜진다. 많은 밀리터리 덕후들은 무기 체계를 게임을 위한 게임 정도로 알고 있다. 하지만 국가가 경영해야 하는 방위산업은 나의 가족, 나의 이웃을 지키기 위한 생존을 위한 산업이다.

위기의 한반도

위기의 1960년대 말

위기는 기회라는 말이 있다. 이 말은 흔히 자기계발서나 경제경영서에 등장하는 말이다. 하지만 한 국가의 명운에도 적용이 되는 말이다. 특히 아시아의 동쪽 끝, 한반도에 적용되는 말이다.

1960년대 말 한국은 절체절명의 위기에 처해 있었다. 1968년 1월 21일, 북한 124군 부대 소속 무장군인 31명이 청와대를 기습하는 일명 1·21 사태가 발생했다. 북한 무장군인들은 청와대에서 500미터밖에 안 떨어진 세검정 일대까지 진입했다. 북한 무장군인들은 모두 사살되거나 체포되었는데 이때 체포된 김신조는 침투 목적을 질문하는 기자에게 "박정희 모가지를 따러왔수다"라고 대답해서 우리 사회를 충격의 도가니로 몰아넣었다.

이틀 뒤인 1월 23일에는 미 해군 소속 푸에블로호가 동해 공해상에서 북한 해군에 나포되어 1명이 죽고 82명이 사로잡히는 이른바 푸에블로호 피랍사건이 발생했다.

또 그해 10월부터 북한의 무장공비 120명이 울진·삼척에 침투해서 2개월간 게릴라전을 벌이는 바람에 전국은 공포의 도가니가 되었다. 다음 해인 1969년 4월 15일, 북한군에 의해 미군 정찰기가 동해상에 추락하고 탑승자 31명 전원이 사망하는 사건이 일어났다. 그럼에도 불구하고 미국은 북한에 대해 이렇다 할 응분의 보복을 하지 못했다. 베트남 전쟁에서 미국이 고전을 면치 못하자, 북한은 미국이 베트남과 한반도 두 군데에서 전쟁을 감당하지 못할 것이라 여기고 노골적이고 대담한 무력 도발의 기치를 올린 것이다.

북한의 도발은 계속되었다. 1970년 6월 5일, 휴전선 부근 서해에서 해군의 방송선이 피랍되었고, 같은 달 22일, 북한 무장특공대가 현충일 행사에 참여하는 정부 요인들을 암살하려고 준비하다 실패하는 국립묘지 현충문 폭파 사건이 또 발생했다.

더욱 큰 문제는 세계정세의 변화였다. 1969년 7월 미국 대통령 닉슨은 '닉슨 독트린(Nixon Doctrine)'을 발표하고 주한 미군 2개 사단 중 1개 사단인 주한 육군 제7사단 철수를 선언했다. 닉슨 독트린은 한국에게 자주국방에 대한 필요성을 느끼게 한 결정적인 사건이었다. 1971년 3월 27일, 동두천에 주둔하던 주한 미군 7사단은 완전히 떠나갔다. 미군의 일방적인 철수는 엄청난 충격이었다.

문제는 거기서 끝나는 것이 아니었다. 1975년 4월 30일, 미국은 베트남전에서 패배해서 철수를 단행했다. 한국은 10년간 미국의 요청으로 베트남에 참전해서 수많은 젊은이들이 피를 흘렸건만 너무도 참담한 결과였다. 한반도의 안보위기는 커져만 갔다. 우리는 어떠한 선택을 했고, 이러한 위기를 어떻게 넘어선 것일까?

자주국방의 길밖에 없다

이런 상황에서 대통령 박정희가 택한 것은 '자력 방위'였다. 그는 심각한 안보위기 상황을 국가비상사태로 인식하고 자주국방의 길밖에 없다고 판단한 박정희는 무기 국산화에 나섰다. 그는 군인 출신이라 무기 체계며 국방체계에 밝았다. 그는 막연한 지시 대신 무기국산화, 국군현대화 등 일련의 자주국방 사업을 직접 구상했고 강력하게 추진하기 시작했다. 그는 국방부 장관과 실무담당자를 청와대에 불러서 M16 소총과 81mm 박격포를 내놓고 "이것과 똑같은 것을 만들라"는 식으로 구체적인 지시를 내렸다.

미국은 미군 철수 대신 '한미상호방위조약'에 입각한 한국방위와 추가 군사원조를 약속했다. 한국과 미국은 1·21 사태 이후 열린 제1차 연례 한미국방장관회의에서 소구경화기(M16 자동소총)를 생산할 수 있는 군수공장을 한국에 유치할 것을 합의했다. 그에 따라 박 대통령은 '국군 현대화 5개년 계획' 수립을 추진했다. 1970년대 초, 세계의 군사 전문가들은 북한과 남한의 군사력 격차는 3대 1이라고 평가하고 있었다. 북한은 총기류는 물론 각종 야포와 탱크, 군함과 잠수함에 이르기까지 북한 내에서 생산하고 있었는데 남한은 소총 한 자루 제대로 못 만드는 수준이었다.

1970년 1월 19일, 박정희는 국방부를 연두 순시하는 자리에서 방위산업에 대한 구상을 처음 공식화했다. 그는 방위산업의 육성과 국방과학기술의 연구가 시급함을 강조했고, 2월 2일 국방부에 '방위산업육성 전담 부서'를 설치할 것을 지시했다. 이어서 4

월 27일에는 국방부 장관에게 국방 분야에도 한국과학기술연구소(KIST)와 같은 연구소를 만드는 방안을 검토하도록 지시했다.

국방부는 '방위산업 10개년 계획'을 작성해서 보고했다. 이 보고서는 전반기인 1971년~1976년까지는 기반조성단계로 하여 총포, 탄약 및 기본병기를 국산화하고, 1977년~1981년까지는 기반완성단계로 하여 전차, 항공기, 미사일(*미사일로 통일-유도탄), 함정 등 정밀무기를 국산화하는 것을 목표로 설정했다.

1970년 6월, 정부는 4대 핵심 공장 사업 계획을 세웠다. 대통령 지시로 미국 베텔연구소(Battelle Memorial Institute)의 수석 연구원이었던 해리 최(Harry Choi) 박사와 한국과학기술연구소(KIST)에 중공업공장 건설에 대한 용역을 맡겼다. 한 달 후, '기계공업 육성방안 용역 보고서'가 만들어졌다. 보고를 받은 박정희는 국방산업을 위한 중공업 육성을 지시했고 이에 따라 주물선(鑄物銑), 특수강, 중기계 종합공장, 조선소 등의 4대 핵심공장 건설계획이 입안되었다.

공장 설립을 추진할 사업자로 강원산업(주물선), 대한중기(특수강), 한국기계(중기계), 현대건설(조선소) 등이 선정됐다. 이는 장갑차, 총포, 포신을 만들겠다는 확고한 의지였다. 다른 한편으로 정부는 무기제조 기술을 개발하고자 1970년 8월, 국방과학연구소(ADD)를 설립했다. 이것이 K-방산의 시발점이었다.

ADD(국방과학연구소)의 태동

방위산업을 향한 첫발

1970년 8월 6일, 박정희 정부는 국방과학연구소(ADD: Agency for Defense Development)를 설립했다. 1960년대 우리 경제는 매년 10%에 육박하는 높은 경제성장률을 기록하고 있었다. ADD의 설립은 이에 힘입은 바가 크다 하겠다. 박정희 정부는 1970년대부터 중화학공업에 매진하기 시작했는데 방위산업은 중화학공업의 육성과 맞물려 함께 발전했다.

ADD는 군사과학기술을 연구한 최초의 연구소이다. 이 연구소는 정부기관 성격을 지녔으나 예산회계업무상 불필요한 제약을 배제하기 위해 대통령 직속 기구로서 기능하며, 박정희의 전폭적인 지원을 받았다. 1971년 1월 22일, 국방과학연구소법 시행령이 공포되고 국방부 장관으로부터 인가를 받음으로써 정식 연구소가 되었다.

1972년 8월에는 군 출신 소장 대신 과학자 출신이 연구소장에 임명되었다. KIST 연구소장이던 심문택 소장은 해외 과학기술자 유치 대상 30명을 선정하고 미국과 유럽 지역을 순방하면서 1차로 12명(미국 11명, 독일 1명)의 해외 과학기술자를 유치하는 데 성공했다. 이때 MIT에서 기계공학을 전공한 KIST 핵심 연구원 이

경서 박사를 비롯한 연구 인력과 무기개발의 인프라가 구색을 갖추게 되었다.

정부는 연구원들에게 대학교수의 3배가 넘는 월급을 줬고, 사택으로 아파트도 무상 지원하는 등 특별대우를 했다. 선임연구원들에게는 군 장성과 동일한 차량을 제공했고, 젊은 연구원들에겐 병역특혜를 줬다. 뿐만 아니라 그들이 연관된 해외 연구소로 재취업을 시켜서 벤치마킹 해오도록 조치를 취하기도 했다.

ADD는 1971년 번개사업을 시작으로 율곡사업을 이어가며 보병용 소화기, 탄약, 발칸포, 지대지미사일 등 기본적인 무기 체계와 장비, 물자 등의 개발능력과 기술을 성공적으로 국산화했다. 제1차 율곡사업을 통해 M-16 소총, 개량형 M-48 전차, 500MD 경공격헬기를 생산하는 개가를 올렸다. ADD는 화학, 기계, 금속, 전기 등 모든 기본적인 기술 분야를 다루었고, 병기제조뿐만 아니라 민수 분야의 각종 생산기술 문제까지 담당하고 국가적 기술센터의 역할도 수행하면서 방위산업 제1의 산실로서 자리 잡았다.

박정희는 ADD에 "1976년까지 최소한 이스라엘 수준의 자주국방 태세를 목표로 총포, 탄약, 통신기, 차량 등의 기본 병기를 국산화하고, 1980년대 초까지 전차, 항공기, 미사일, 함정 등 정밀병기를 생산할 수 있는 기술을 확보하라"고 지시했다.

그는 ADD에 지시한 무기개발 사업에 대해서는 직접 감독하고 통제했다. 박정희는 1972년부터 1978년까지 공식적으로 국방과학연구소를 12번이나 방문할 만큼 방위산업, 무기 국산화에 대한 관심과 애정이 남달랐다.

'번개사업'으로 이름 붙여진 ADD(*ADD로 통일-국방과학연구소)의 무기 국산화 프로젝트를 완수하는 데 큰 공을 세운 주인공의 한 사람인 이경서 박사는 신동아와의 인터뷰에서 당시 박정희의 무기개발에 대한 소신을 이렇게 회고했다.

> (박 대통령은) 자주국방에 대한 철학이 분명했어요. ADD에서는 일반 무기를 만들지 말라고 지시했어요. 전쟁을 하지 않고도 이길 수 있는 무기를 개발하라는 뜻이었죠. '전쟁에서 이기는 데 필요한 무기는 급하니까 빨리 사 와라. ADD는 살 수 없는 무기만 개발하라'고 했죠. '남이 주지 않는 것' '전쟁 억제하는 것'만 개발하라는 말씀이었습니다. 간혹 소장이 이것도 저것도 개발하겠다고 적어서 보고하면 사인을 하면서 야단을 쳤어요. 야단을 쳐놓고는 미안해하면서 '이건 내가 봤다는 사인이야' 하고 사인해주던 분이에요.(신동아 2006년 12월호)

무기 국산화는 말처럼 쉬운 일이 아니었지만, ADD는 방위산업 10개년 계획의 전반기인 1971년~1976년까지는 기반조성단계로 하여 총포, 탄약 및 기본병기를 국산화하고, 1977년~1981년까지는 기반완성단계로 하여 전차, 항공기, 미사일, 함정 등 정밀무기를 국산화하는 것을 목표로 설정했고 이를 달성했다. ADD는 창설된 이래 유도무기, 항공기, 전자광학, 해상, 수중무기, 장갑차, 전차, 화포, 개인 병기류 등 국방에 필요한 병기·장비의 연구개발 및 기술지원으로 자주국방의 기초를 닦았다.

혜성처럼 등장한 국보 오원철

최초의 방위사업을 이야기할 때 오원철이란 사람을 빼놓을 수 없다. 그는 박정희가 국보(國寶)라고 부를 정도로 한국 방위산업 발전뿐만 아니라 우리나라 '중화학공업화 마스터플랜'을 만들어낸 주역으로 한국 경제발전에 큰 발자취를 남긴 테크노크라트(기술관료)다.

1971년 11월 10일, 경제기획원은 대통령에게 국방산업을 위한 4대 핵심공장 사업에 필요한 외자도입에 실패했다고 보고했다. 15개월 넘게 일본을 비롯한 미국, 노르웨이, 스웨덴 등에 외자와 기술협조를 요청했으나 지원을 얻지 못했다. 당시는 세계은행(IBRD)과 선진국들이 '한국 수준에서 방위산업 육성은 불가능하다'며 냉소하던 시절이었다.

이때 혜성처럼 등장한 이가 바로 오원철 상공부 차관보였다.

그날 적막감이 흐르는 청와대 집무실에는 박정희와 김정렴 대통령 비서실장, 그리고 오원철 상공부 차관보가 모여 있었다. 오차관보가 대통령에게 방위산업 추진을 위한 브리핑에 나섰다.

무기생산만 전문으로 하는 군수공장은 경제성이 없습니다. 무기생산 전용의 군수공장을 설립하는 방안보다는 평시에 민수와 군수 분야에 겸용으로 활용할 수 있는 중화학공업을 육성하는 것이 방위산업의 목적을 달성하면서 동시에 경제건설도 도모할 수 있는 최적의 선택이라고 판단됩니다. 현대 무기 체계는 선진국 수준의 중화학공업이 뒷받침되지 않으면 만들 수 없습니다. 방위산업이나 중화학공업의 기술 및 시설기반은 사실상 같습니다. 중화학공장을 건설하면 무기생산에 필요한 부품을 생산하여 공급할 수 있고, 유사시에는 완제품을 생산할 수도 있습니다. 모든 무기는 분해하면 부품입니다. 이 부품은 규정된 소재를 사용해서 설계도면대로 가공하면 생산이 가능합니다. 이렇게 제작된 부품을 조립하면 병기는 완성됩니다. 그리고 생산된 부품은 ADD에서 정밀검사를 실시해서 합격한 것만 선정해서 조립하면 병기는 완성됩니다. 이런 방식을 채택하면 당장이라도 병기개발은 가능하다고 봅니다. 무기개발을 어렵게 생각하면 한없이 어려운 과제지만, 간단하게 생각하면 한없이 간단합니다.

"중공업은 곧 방위산업"이라는 아이디어에 박정희의 눈이 번쩍 뜨였고 이내 고개를 끄덕였다. 박정희는 반색을 하며 물었다.

"이봐, 임자, 중화학공업과 방위산업을 동시에 건설하여 유사시에는 민수 부문을 전환하여 활용할 수 있는 일석이조 전략이란 말이지. 그러니까 그 말은 막대한 자금이 드는 전문 방위산업체를 새로 지을 것이 아니라 기존 민간 공장을 활용해 부품을 만들고 ADD에서 생산관리를 하자는 것이지?"

"그렇습니다. 각하. 기존 민간 공장을 활용해 부품을 만들고 ADD에서 시제품을 생산하자는 것입니다. 각 부품을 가공하는 공장이 몇 개, 몇 십 개가 되더라도 최종적으로 결합된 병기의 성능은 완벽한 것이 됩니다."

이 아이디어는 기계공업 분야에서는 거의 불모지였던 한국 상황에서 볼 때 새로운 패러다임을 제시한 것이었다. 처음부터 완제품 무기 공장을 세우겠다는 생각을 버리고 '모든 무기도 결국 분해하면 부품'이라는 점에 착안해 일단 부품 공장들을 세우자는 안(案)을 낸 것이다.

박정희는 이 솔깃한 발상에 손을 들어 주었다. 다른 대안도 마땅하지 않았다.

오원철의 저서 『박정희는 어떻게 경제강국을 만들었나』에는 당시 보고 내용이 다음과 같이 기록되어 있다.

> 중화학공업을 발진시킬 때가 왔다고 봅니다. 일본 정부는 제2차 세계대전 후 폐허가 되다시피 한 경제를 소생시키기 위한 첫 단계로, 경공업 위주의 수출산업에 치중했습니다. 현재의 우리나라 사정과 같습니다. 그 뒤 일본의 수출액이 20억 달러에 달했을 때, 중화학공업화 정책으로 전환했습니다. 이때가 1957년도입니다. 그리고 10년이 지난 67년에 일본은 100억 달러 수출을 하게 되었습니다. 지금 일본은 기계제품과 철강제품이 수출의 주력 상품이 되었습니다.

박정희는 그날로 청와대에 경제 제2비서실을 신설하고, 오원철을 경제 제2수석비서관으로 즉시 임명했다. 그리고 오원철에게 방위산업 및 중화학공업을 관장하는 대업을 맡겼다. 이때부터 그는 박정희 정권의 태스크포스(task force)로서 자주국방정책의 일환인 방위산업 육성의 책무를 맡았다. 그 후 박정희의 절대적 신임하에 중점 사업인 중화학공업 육성, 원자핵개발 연구, 기술인력 양성, 연구개발 계획, 임시 행정수도 건설계획 등을 담당했다. 박정희는 오원철의 아이디어와 실력, 그리고 인성을 신뢰해서 죽음의 순간까지 그를 곁에 두었다.

40일의 기적

박정희는 오원철에게 임명장을 주는 날 이렇게 주문했다.

"임자, 250만 예비군을 무장시켜야겠어. 병기개발에 대한 기본 방안을 만들어보라고. 또 그게 어떻게 가능한지 우선 시제품부터 만들어 보도록 해."

박정희는 1·21사태 이후 미국의 힘에 의지하지 않고 독자적으로 나라를 지킨다는 결심을 하고 250만 향토예비군을 조직했다. 그런데 그 많은 예비군을 무장시킬 무기가 없었다. 당시 한국의 공업 수준은 소총은 물론 총탄, 수류탄 한 발 못 만드는 수준이었다.

1960년대에 북한은 이미 자동소총을 생산하는 것은 물론 대포와 탱크도 만드는 수준이었다. 우리가 소총 하나 못 만든 것은 국내 산업 수준이 열악한 때문이기도 하였으나 한국이 '방위산업'을 육성하지 못하게 미국이 가로막은 탓이 더 크다. 미국은 자기들이 주는 무기만 쓰라는 것이었는데 그 무기라는 것이 제2차 세계대전 때 쓰던 구닥다리 중고품들이었다.

우리가 좀 더 신형이고 강한 무기를 요구하면 미국은 고개를 가로저였다. 국방의 위기가 지속되고 있는 상황에서도 미국의 태도가 변하지 않자 열 받은 박정희는 우리 스스로 무기를 만드는 자주국방의 카드를 꺼내든 것이다.

어쨌거나 청와대 경제 2비서관실의 첫 번째 업무는 병기개발에 대한 기본방침을 작성하여 국방부와 ADD에 지시하는 것이었다. 이른바 '번개사업'이라 명명된 방위사업의 시작이었다.

기술도, 경험도 없는 상태에서 오원철과 ADD 연구원들은 청계천 공구상과 철물상을 뒤져 특수강 등 재료와 공구를 구했다. 지금 생각해보면 참으로 우스운 일이지만 당시 한국의 기계산업 수준을 보여주는 희화된 풍경이 아닐 수 없다.

1970년 초, 한국의 기계공업이란 가내공업 수준을 벗어나지 못한 상태였다. 공작기계 분야는 직조기의 형틀 주조가 고작이었고, 단조기술은 차량정비용 공구조차 제대로 만들지 못하고 농기계 따위를 겨우 생산하는 수준이었다. 미국의 지원으로 경남 양산에 짓고 있던 M-16 소총 공장도 언제 완공될지 알 수 없었다.

암호명, '번개사업'! 그야말로 '번개사업'이란 이름에 걸맞게 번갯불에 콩 볶아 먹는 속도로 한 달 만에 카빈소총과 기관총 등 개인화기와 60mm 박격포 시제품을 만들었다.

마침내 1971년 12월 16일, 청와대 대접견실에는 M1 카빈, M19, A4 기관총, 60mm 박격포 등 무기 8종이 처음으로 공개되었다.

박정희는 그것을 보고 감동해서 눈물을 흘리며 "내 생애 최고의 크리스마스 선물이다"라고 말했다. 이를 '40일의 기적'이라 부른다. 우리나라 방위산업은 이렇게 시작되었고, 이로써 국산 무기 개발의 시대를 열게 되었다. 오원철은 그날의 모습을 이렇게 적고 있다.

> 빨간 카펫이 깔려 있는 대접견실에는 샹들리에 불빛이 찬란했다. 여기에 국산 초유의 각종 병기가 진열된 것이다. 60mm 박격포, 로켓포, 기관총, 소총류 등 이었다. 박격포는 카펫 위에, 총기류는 진열대 위에 놓여 있었다. 새로 칠한 국방색 병기는 병기라기보다는 예술품이었다. …박 대통령은 환히 웃으며 자랑스럽다는 듯이 "우리가 만들어낸 병기들이야"라고 했다. 연구진의 노고를 치하하면서 "금년도 최고의 크리스마스 선물이다. 우리도 마음만 먹으면 해낼 수 있어. 우리도 이제는 이런 정도로는 발전된 거야"라고 기뻐했다.(오원철 '한국형 경제건설')

그때부터 한국은 미국산 무기를 역설계하여 자체적인 국내 무기를 연구하고 개발하기 시작했다. 그리고 1970년대 중반부터는 미국이 설계한 무기와 탄약을 라이센스하여 생산했다. 한국이 자체적으로 생산한 첫 번째 무기는 1971년 라이센스를 받은 콜트 M16 소총이다.

중화학공업국으로의 변신

중화학공업화 선언

1973년 1월 12일, 박정희는 신년 기자회견에서 '중화학공업 정책 추진선언'을 했다.

나는 오늘 이 자리에서 우리 국민 여러분에게 경제에 관한 하나의 중요한 선언을 하고자 합니다. 우리나라는 바야흐로 중화학공업 시대에 들어섰습니다. 정부는 이제부터 중화학 육성 시책에 중점을 두는 중화학공업화 정책을 선언하는 바입니다. 그리고 모든 국민이 '과학화 운동'을 전개할 것을 제의합니다. 과학기술의 발전 없이는 중화학공업 육성을 기대할 수 없으며 모든 경제 목표의 달성은 전 국민이 전 국민적 과학기술에 참여할 때 비로소 가능하다고 생각합니다. 1980년대에 100억 달러 수출을 달성해야 하며, 이때 전 수출상품의 50%가 중화학공업 제품이도록 해야 합니다. 이를 위해 철강, 비철금속, 석유, 기계, 조선 및 전자공업 육성에 박차를 가해야 합니다. 이러한 생산시설을 위해서 동·남·서해안에 국제 규모의 대단위 공업단지를 조성할 방침입니다…….

박정희가 공약으로 내세운 1980년 100억불 수출, 1인당 1,000불 소득은 기존의 경공업으로는 달성할 수 없었다. 한국경제의 중심이 중화학공업으로 바뀌어야 했다.

1973년은 한국 경제의 변곡점을 이룩한 해이다. 이 중화학공업화 정책 선언으로 한국의 산업구조가 경공업에서 중화학공업으로 돌아서는 전환점이 되었고, 이때부터 남한의 경제력이 북한을 추월하는 원년이 되었다. 더불어 중화학공업을 중심으로 방위산업의 기반이 닦이는 출발점이 되었다.

1972년 10월 유신을 단행한 후여서 박정희는 1인 절대권력 체제 속에서 중화학공업화를 아무런 정치적 간섭이나 반대 없이 추진할 수 있었다. 1973년 5월, 정부는 중화학공업 추진위원회를 설치하고 철강, 조선, 비철금속, 기계, 전자, 화학공업 등 6개 업종을 중심으로 한 '중화학공업 육성 계획'을 발표했다. 철강, 비철금속, 기계, 조선, 전자, 화학 공업이 6대 전략 업종이었다.

정부는 중화학공업 분야의 기업에 규모의 경제를 구현할 수 있도록 자금지원은 물론 각종 세제 혜택 등 지원을 아끼지 않았다.

방위산업은 초기에 숙련된 노동자, 과학자, 엔지니어가 부족했기 때문에 정부는 이 문제를 해결하기 위해 몇 가지 조치를 취했다. 특히 해외에 거주하는 한국 태생의 과학자 및 엔지니어를 모집하고 또한 한국 학생을 해외로 파견하기도 했다. 젊은이들에게 다양한 공학 분야를 가르치기 위해 새로운 시설과 교육 기관을 설립했고, 교육에 많은 투자가 이루어졌다. 인력이 충분히 공급될 수 있도록 공업고등학교와 공과대학의 입학정원을 획기적으로 늘렸다. 공업고등학교 수는 8년 만에 1.6배로, 그 학생 수는 2.5배로 늘어났다. 이때 양성된 기능인력이 훗날 한국 중화학공업의 중심 기술자로 성장했음은 두말할 것도 없다.

이러한 중화학공업 육성계획은 경제 성장과 방위산업 육성을 동시에 달성하고자 하는 목표를 가진 것이었다. 이로써 세계에서 유례를 찾을 수 없는 대한민국만의 독특한 방위산업 구조가 탄생했다.

중화학공업 육성하면 탱크 만들 수 있다

그러나 중화학공업 육성계획은 난데없는 복병을 만나 시작부터 휘청거렸다. 중화학공업 육성계획이 발표된 지 불과 5개월도 안 된 1973년 10월에 1차 석유파동이 터졌다. 경제가 위기에 봉착했다. 14%까지 치솟았던 경제성장률은 8.5%대로 곤두박질쳤다. 중화학공업 육성계획에는 느닷없는 석유파동에 대비할 계획이 있을 리 없었다. 중화학공업추진위원회와 경제기획원은 중화학공업 육성계획의 전면 수정을 청와대에 요청했다. 하지만 박정희의 중화학공업화와 방위산업에 대한 의지는 확고했다.

한국의 중화학공업화는 혹독하게 몰아닥친 제1차 석유파동을 극복하고 1970년대 중반부터 본격적으로 성과를 보이기 시작했다. 1976~1978년 연간 경제성장률이 10%를 넘겼고, 1977년 수출 100억 달러를 성취했다. 이는 애초 목표보다 4년이나 앞당겨

진 쾌거였다. 한국경제가 급성장했던 그 기간 제조업의 연평균 성장률은 16.6%에 달했다.

1973년을 기점으로 시작한 중화학공업은 시간이 갈수록 방위산업 육성과 연계되고 규모도 커졌다.

예컨대 조선공업 부문의 경우 현대중공업이 연간 10만 톤급의 조선소로 건설할 계획서를 제출했으나 1972년 3월 착공 당시에는 50만 톤급으로 확대되었다. 그러던 것이 정부의 중화학공업 육성 방침과 방위산업 연계라는 방침에 따라 1974년 6월 준공했을 때는 450톤의 골리앗 크레인 2기가 설치된 초대형 조선소가 되었다. 1974년 삼성중공업이 착공되어 1979년에 완공되었고, 이어서 1981년에 대우조선이 완공되었다. 이후 우리나라 해군 함정은 100% 국내 조선소에서 건조되었다.

오원철을 비롯한 테크노크라트들은 중화학공업을 육성하면 탱크도 만들 수 있다는 집념으로 강력하게 일을 추진해나갔다. 이에 따라 전국의 공업단지들이 모두 정부에 의해 계획되고 조성되었으며 기반시설이 마련되고 기업이 유치되었다.

포항종합제철기지, 창원기계공업단지, 여수종합화학단지, 울산석유화학단지, 온산비철금속공업단지, 옥포조선공업기지 등이 그곳이다. 특히 창원기계공업단지는 처음부터 방위산업을 목적으로 조성되었고, 구미전자산업단지의 확장도 정밀전자무기 체계개발과 연계하여 이루어졌다

방위산업체로 지정되면 평상시 작업량의 80%는 민수용, 나머지 20%는 방산용이라는 비율을 원칙으로 삼았다. 조선소도 물론

전쟁 때 쓰일 것을 전제로 독(dock)을 건설했다. 이와 같은 계획의 변경에 따라 한국의 중화학공업의 방위산업화 추진은 1973년 1월 중화학공업 선언 이전과 이후로 나눌 수 있다.

방위산업의 모태, 창원국가산업단지

우리나라 방위산업의 실질적인 모태는 창원국가산업단지(창원기계공단)이다. 방위산업이라는 특수성을 고려할 때 휴전선에서 멀리 떨어진 남쪽에 있고, 주변이 500~800m의 구릉지로 둘러싸여 군사적으로 방어에 유리한 지형적 이점이 있어서 국가산업단지로는 최적의 장소였다.

1973년 4월, 진해 해군사관학교 졸업식이 끝나고 박정희는 오원철 경제 제2수석비서관과 함께 창원 국가산업단지 현장을 방문했다.

입지를 살피기 위해서였다. 사방을 둘러본 박정희는 만족스런 표정이었다. 기초 보고서를 손에 든 박정희는 차량을 타고 이동하면서 구석구석을 꼼꼼히 살폈다.

중화학공업은 업종·업체간은 물론, 원료-중간재-완제품의 생산·기술 연관관계가 크기 때문에 상호 긴밀한 집적이 필요하다. 또 중후장대한 장비가 움직이기 때문에 넓은 터를 갖추고 산업용수 공급 등이 유리해야 한다. 이런 관점에서 볼 때 창원은 가장 적합한 땅이었다. 창원은 포항·울산·대구·구미·부산·진주·마산 등 당시 산업도시들이 그리는 '공업벨트' 가운데 있어 교통이 편리했다. 남해고속도로와 경전선·진해선 철도가 이어져 있고, 마산항을 끼고 있어 뱃길도 열려 있었다. 창원은 사방이 500~800m 높이의 산들로 둘러싸인 자연 분지에 있어 방어하기도 유리할뿐더러, 공장 집적, 주거단지 조성이라는 목적에도 알맞았다. 주요 도로인 창원대로는 14.9km 길이로 계획되어 있어서 비상시 활주로로 사용할 수 있었다.

5개월 후, 박정희는 모든 검토를 끝내고 '창원종합기계공업기지 건설' 지시를 내렸다. 경부고속도로 건설, 포항제철 건설 때도 그랬지만 이번에도 많은 반대가 있었다. 그렇게 큰 대규모 기계공업단지를 조성하는 것은 우리 경제 수준으로는 감당하기 힘든 것이라며 반대하는 목소리도 높았다.

사전조사 용역을 맡은 일본 회사도 "창원 같은 대규모 종합기계공업센터 같은 것은 전례가 없어서 성공 여부를 가늠하기 어렵다"고 할 정도로 안팎으로 부정적인 여론도 있었다. 하지만 박정희는 초지일관 강력하게 밀어붙였다.

창원기계공단은 1975년 밸브를 생산하는 부산포금(현 PK밸브)가 들어섰고, 1978년부터 대형 기업체인 금성사, 대우중공업, 기아기공, 한국종합특수강, 부산제철, 삼성중공업, 효성중공업이 공장 설비를 마치고 본격 생산 활동에 들어갔다. 그리고 삼성테크윈, 현대로템, 두산DST, STX엔진, 현대위아(전 기아중공업), 퍼스텍 등 방산업체들이 속속 입주했다. 이에 따라 창원기계공업단지는 기계단지의 역할뿐만 아니라 본격적인 방위산업기지로서의 역할을 하기 시작했다.

그런데 우리가 간과해서는 안 될 박정희의 숨은 전략이 있다.

박 대통령이 방위산업을 중화학공업과 연계하여 대규모로 육성하려고 한 또 다른 배경에는 방위산업 육성을 통해 미국이 쉽게 우리나라를 떠나지 못하게 하려는 전략적인 의도가 숨어 있었다. 창원 같은 대규모 기계공업단지가 안보의 안전판 역할을 할 것이라고 기대한 것이다.

당시 대통령 비서실장 김정렴은 미국의 고위관계자들로부터 "월남은 농업 국가이기 때문에 포기할 수 있지만, 일본은 공업 국가이기 때문에 포기할 수 없다"는 말을 들었는데, 이 말을 전해 들은 박정희는 무릎을 치고 방위산업에 박차를 가했고, 창원공업단지를 방위산업을 위한 대규모 기계공업단지로 건설한 것이다. 우리가 대규모 방위산업 능력을 보유하게 될 경우, 소련에게 방위산업 기반이 넘어가게 해서는 안 되기 때문에 미국이 우리나라를 쉽게 포기하지 못할 것이라고 생각했던 것이다.

오원철의 증언에 따르면, 박 대통령과 김정렴 비서실장에게 창원공단 같은 대규모 기계공업단지는 우리나라의 안보 및 산업적인 가치를 확보하여 미국이 쉽게 우리나라를 포기하지 못하게 하려는 전략적인 의미가 있었다. 실제로 창원기계공업단지의 건설과 그 규모는 카터 정부의 주한미군 철수를 중단케 하는 데 상당한 역할을 했다고 한다.

얼마 지나지 않아 미국 고위관계자들로부터 이런 암묵적인 분위기를 감지할 수 있었다. 창원공업단지의 틀이 완성되고 본격적인 가동에 들어가자 미국 멜빈 프라이스(Melvin Price) 하원 군사위원장 등 정관계 고위인사들이 줄줄이 방문했는데, 그들은 대규모 무기공장을 보고 놀라움을 감추지 못했다. 결국 박정희의 전략이 먹혀들어서 주한미군 철수를 중단케 하는 데 기여했다는 것이 중론이다.

요즘 들어 G2 국가로 부상한 중국이 대만을 무력 침공할지 모른다는 뉴스가 심심찮게 나돌지만 대만인들은 오히려 무덤덤하다는 소식이다. 그들은 세계 최고 반도체기업으로 떠오른 TSMC가 대만을 지켜줄 것이라고 믿고 있기 때문이다. 군사전문가들은 실제로 TSMC라는 기업이 있기에 중국이 대만을 침공하지 못할 것이란 진단을 내리고 있다. 이런 사례를 보면 박정희의 미래를 내다보는 선견력에 경의를 보내지 않을 수 없다.

'한국 산업화의 설계자' 김재관

박정희의 선견력에 아주 큰 힘을 보탠 사람이 있는데 그 사람이 김재관이다.

1964년 12월 뮌헨의 피어 야레스자이텐 캠핀스키 호텔에서 독일을 방문 중이던 박정희와 한국 유학생 80여 명과의 만남이 있었다. 박정희가 이렇게 말했다.

"오늘 이 자리에는 우리 한국을 떠나 독일에서 공부하는 과학자들이 참석하셨습니다. 여러분도 저와 같은 심정으로 한국을 발전시키기 위해 과학과 공업의 발전을 위해서 애쓰고 계신 것으로 압니다. 저는 어떠한 일이 있어도 우리나라를 잘사는 국가로 만들겠다는 결심을 가지고 이 자리에 섰습니다. 여러분께서도 가지고 계신 전문 과학지식을 우리 국가를 위해 써 주시기를 부탁드립니다."

이 자리에서 박정희는 유학생들에게 "하고 싶을 말을 해 달라"고 당부했다.

이때 한 청년이 앞으로 나섰다. 독일 정부 장학생으로 뮌헨 공과대학에 유학, 금속재료학 박사 학위를 받은 후 세계 유수의 철강회사이던 데마그(DEMAG) 종합기획실에서 근무하던 김재관이었다. 그는 독일의 선진 산업을 보면서 구상한 '한국 종합제철 육성방안'을 대통령에게 전달한다. 그로부터 2년 뒤 박정희는 KIST를 설립하고, 김재관 박사는 1호 해외유치과학자로 초대받아 철강, 중화학, 조선, 자동차, 국가 표준 시스템 개발에 기여한다.

이후 김재관은 중화학공업 건설 과정에서 고비마다 중요한 역할을 담당했다.

그는 오늘날 대한민국을 먹여 살리는 여러 기간산업의 산파역(産婆役)이었다.

우선, 포항종합제철을 만들 때, 김재관은 고로(高爐) 방식에 의한 100만 톤 규모의 일관제철소 건설을 주장해 성사시켰다. 건설 자금을 대는 일본 측에서는 한국의 역량이나 경제 수준으로 보아

곤란하다고 난색을 표했으나 세계 굴지의 철강회사인 데마그에서의 경험과 지식을 바탕으로 논리정연하게 주장을 전개해서 일본 측의 항복을 받아냈다.

김재관은 한국 최초의 종합제철소 설립 자금을 마련하기 위한 '대일 청구권자금' 협상의 전면에 나서 연산(年産) 103만 톤 규모의 일관제철소 설립안을 관철해서 자금을 따내고, 그가 손수 설계하고 말뚝을 박아 구획한 포항제철(현 POSCO) 용광로는 20년 동안 생산 규모가 5배로 증가할 때까지도 기본설계 변경이 필요 없을 정도였다.

김재관의 KIST 근무는 한국의 산업 정책을 형성하는 데 결정적인 역할을 했다. 그는 KIST 제1연구부장·특수기재연구실장을 거쳐 ADD 부소장으로 방위산업의 기틀을 닦는 데도 기여했다. 그는 1970년대 국산 지대지 탄도미사일 개발 프로젝트를 이끌었던 홍용식 박사팀을 적극 지원해서 사정거리 500㎞, 탄두 중량 500㎏의 백곰(NHK-1) 미사일 개발을 성공시켰다.

김재관은 대한민국 자동차 산업 발전에 중요한 역할을 담당했다. 김재관의 통찰력이 빛을 발한 부분은 바로 '자동차 기술 독립'을 위한 '한국형 고유 모델'을 주창한 부분이다. 한국 중화학공업 건설의 대부로 알려진 오원철 경제2수석비서관은 여기에 반대했으나 당시 상공부 중공업차관보였던 김재관은 박정희에게 "고유 기술 없는 자동차 산업은 미래가 없다"면서 고유 모델 자동차 정책 추진의 필요성을 역설했다. 현대자동차의 정주영도 고유 모델 개발 의지를 강하게 표하자 박정희는 김재관의 손을 들어 주었다.

결국 제3차 경제개발 5개년계획에서 자동차 산업 정책은 '외국 모델 기반의 부품 국산화'에서 '톱다운 고유 모델 확보 및 수출·양산화'로 방향을 전환했고 최초의 한국형 자동차 '포니(PONY)'가 탄생할 수 있었다.

김재관은 한국의 국가 표준 시스템 개발에 주도적인 역할을 수행하여 제품과 서비스가 국제적으로 인정받는 품질 및 안전 표준을 충족하도록 노력했다. 그의 마지막 숙원은 표준제도를 확립해 헌법에 명문화하는 일이었다. 박정희의 뜻하지 않은 죽음 후에도 그는 '한국표준연구소' 소장으로서 '표준제도 조항의 헌법 명문화'를 추진했고 정치적 격동기를 거치면서도 이를 성사시켰다.

선견지명이 있었던 김재관은 산업화를 넘어 선진화로 도약하기 위해 국가표준 제도가 절실함을 내다보았다. 그는 한국표준연구소를 설립, 5년간 소장으로 있으면서 한국 표준시 확립 등의 성과를 내고, 헌법에 '국가표준'을 명문화하는 데 기여했다.

그는 국회와 정당, 주무 부서를 열심히 드나들며 설득했고 헌법에 "국가는 국가표준제도를 확립한다"(제127조 2항)라는 조항을 삽입시켰다. 일반인들은 잘 모르고 있지만 이 제도는 한국 기업들이 글로벌 시장에서 신뢰와 공신력을 확보하여 사업 확장과 성장을 촉진하는 데 커다란 도움이 되고 있다.

우리나라 중화학공업 건설의 건설자로 널리 알려진 경제2수석비서관 오원철이 박정희의 오른팔이었다면 김재관은 왼팔인 셈이었다. 어쨌거나 두 사람의 보좌를 받은 박정희는 '한강의 기적'을 만들어 냈고 오늘날 K-방산의 초석을 다질 수 있었다.

경제 정책과 국방 정책의 혼합적 성공

박정희가 군 현대화를 위한 군사개혁을 단행하고 방위산업을 본격적으로 시작했던 1970년대는 말 그대로 한국 방위산업의 출발점이었다. 박정희는 1965년 많은 반대를 무릅쓰고 일본과의 국교 정상화를 이룬 후, 제1차, 제2차 경제개발 5개년 계획을 성공적으로 이끌었다. 제3차 5개년 계획(1972~1976)의 목표는 한국 경제를 경공업에서 중화학공업으로 전환하는 것이었다. 이는 1973년 중화학공업육성정책(HCI)이 제정되면서 확인할 수 있다. 국민투자기금은 성장하는 국가의 중화학공업에 재원을 제공하기 위해 설립되었다. 산업화의 초기에 막대한 외국인 투자를 유치함으로써 조선, 자동차, 철강제품, 기계, 비철금속, 섬유, 석유화학 제품을 중심으로 압도적인 성공을 거두기 시작했다.

이미 밝혔지만 중화학공업에 대한 박정희의 투자정책의 목표는 자주국방산업화를 이룩하기 위한 방위산업의 육성에도 있었다. 중화학공업이 성공 궤도에 이르자 투자와 개발이 중화학공업과 방위산업 양방향으로 이루어졌다.

그 때문에 방위산업을 위한 몇 가지 제도적 조치를 만들었다. 1974년 방위산업진흥에 관한 특별법, 국민투자기금법을 제정했다. 경제개발계획의 성공으로 자신감을 얻은 박정희는 미국에 의

지하지 않는 독자적인 전투력 강화를 위한 '율곡사업'을 개시했다. 소형 화기 국산화 개혁을 주도한 율곡사업은 짧은 시간 동안 한국군을 새롭게 탄생시켰다

ADD 연구원들은 다방면으로 외국 군사기술을 습득해서 제품 개발을 이루어냄으로써 무기 국산화에 크게 기여했다. 특별법으로 제정한 방위산업진흥법은 많은 인센티브를 제공함으로써 많은 민간기업이 방위산업에 참여하도록 유도했다

박정희의 경제 정책과 국방 정책의 혼합은 한국의 군사 및 방위산업이 한국의 급속한 경제 성장과 산업화로부터 많은 혜택을 받았기 때문에 매우 성공적이었다.

제4차 5개년 계획(1977~1981) 당시 한국의 방위산업은 중공업, 전자 및 조선과 같은 중후장대 산업으로 다양화되었다. 가장 눈에 띄고 압도적인 성공을 거둔 산업 중 하나는 한국의 조선산업이다. 한국은 대규모로 개발된 조선 능력을 활용하여 1970년대에 이미 참수리급 고속경비정을 개발했다.

우리나라가 방위산업의 초석을 다질 수 있었던 데에는 아이러니하게도 당시 한국은 군사독재 체제였기 때문에 가능한 일이었다. 방위산업과 관련된 정책과 의사결정은 박정희와 그의 청와대 기술관료, 특히 오원철에 의해 고도로 중앙집권화되었다. 그 결과 신속하게 의사결정이 이루어졌다.

정권이 바뀔 때마다…

추락하는 방위산업

1979년 박정희 대통령 서거 후 한국의 방위산업은 곤두박질쳤다. 뒤를 이은 정권들은 박정희만큼 자주국방에 대한 강력한 리더십이 없었고, 정권마다 안보관이 다른 탓에 방위산업 지원도 들쭉날쭉했다.

갑작스런 박정희의 죽음으로 새롭게 등장한 전두환 신군부는 미국의 눈치를 보기 바빴다. 그동안 박정희 정부는 미국의 반대에도 불구하고 미사일 개발과 핵무기 개발을 추진하고 있었다. 미국은 한국이 미사일 개발에 성공하면 핵탄두를 달고 아시아의 골칫거리로 떠오를 것을 두려워하고 있었다. 그래서 세간에는 김재규가 박정희를 시해한 폭거가 미국의 사주에 의한 것이란 풍문이 나돌 정도였다.

12·12쿠데타를 통해 정권을 잡은 전두환 정권은 미국으로부터 정권을 인정받기 위해 미국의 입맛에 맞는 정책을 펴지 않을 수 없었다. 더구나 신군부가 정권을 잡는 과정에서 정치적 혼란은 물론 경제위기가 심화되었다. 1980년도 연간 성장률은 마이너스 3%를 기록했다. 한국 경제가 고도성장을 개시한 이래 20년 만에 처음으로 있는 일로 그것이 방위산업 정리의 계기가 됐다.

전두환 정권은 원자력연구소를 폐쇄하고, ADD의 규모를 반으로 줄이면서 미사일 팀을 해체하는 조치를 취했다. 청와대가 직접 관여하던 방위산업을 국방부와 상공부(현 산업자원부)에 위임했고, 방위산업을 이끌던 청와대 경제 제2비서실을 해체했다. 이로써 박정희가 집념을 갖고 추진했던 많은 무기개발 사업이 나락으로 떨어졌다.

특히 전두환의 '미사일 주권' 포기로 ADD의 미사일 개발팀은 치명적인 손상을 입었다. 전두환은 그 사실을 숨기려고 비공개석상은 물론이고 공개석상에서도 "한국형 미사일 백곰은 엉터리이다. 미군 미사일에 페인트만 칠한 것이다"라는 헛소리를 마구 해댔다. 미국의 비위를 맞추기 위해서 최고 권력자가 이른바 '가짜 미사일' 소동을 일으킨 것이다.

그래서 이미 큰 성과를 올리고 있던 ADD 미사일 개발팀의 미사일 개발사업은 날개가 꺾이고 말았다.

자료에 따르면, 박정희는 1971년 12월 26일에 작성된 미사일 개발에 관한 '극비' 친필 메모를 남겼고 1975년까지 200km 사거리의 국산 지대지미사일 개발을 지시한 것으로 알려져 있다. 미국이 미사일 무기를 독자 개발하는 것을 막았기 때문이다.

극비 지시를 받은 ADD는 미국의 나이키 허큘리스(Nike Hercules · NH)를 분해하고 재조립하면서 미사일에 대한 지식을 얻어냈다. 그것은 미국이 미사일 제작에 관한 자료의 유출을 원천적으로 봉쇄해버린 탓이었다. 이런 어려운 과정을 거치면서 ADD는 개발 6년 만인 1977년 미사일 시제품을 시험 발사하는 데 성공했다. 그리고 1978년 9월엔 사거리 180km인 중거리 미사일 '백곰'을 개발, 발사하는 데 성공함으로써 한국은 7번째 미사일 개발국이 되었다. 그 후 박정희 사망 전까지 미사일 개발은 한 번도 중단된 사실이 없다. 그런데도 전두환은 그 사실을 모두 묻어버렸다.

미사일 개발팀은 조직이 크게 축소되었고 서울의 연구소 본부와 서울사업단이 폐쇄되고 대전기계창으로 통합됐다. 전두환은 무기 개발보다는 무기 도입에 중점을 두었다.

1980년 7월 1일, 심문택 ADD 소장이 경질당하고, 1983년 대대적인 조직 개편으로 단위 부서의 수도 190개에서 121개로 축소되어 미사일 개발 분야를 중심으로 69개 부서가 없어졌다. 연구소 운영인력이 2,598명에서 1,759명으로 839명이 대폭 감소되었고, 그중에서 연구인력은 1,189명(전체의 67%)만 남게 되었다. 1985년에 이르면 ADD의 연구원은 857명 수준을 유지했는데, 이는 1970년대 후반의 절반 수준이었다.

그러나 미사일 개발팀을 해체하고 나서 1983년 자신을 겨냥한 아웅산 묘역 테러 사건이 터지자 위기를 느낀 전두환은 부랴부랴 유도무기개발사업 재개를 지시했다. 하지만 한번 흩어진 기술인력을 다시 모을 수는 없었다. 이미 상당수 과학자가 한국을 떠났거나 대학으로 간 상태였다. 한국의 무기 수출은 1982년에 9억 7,500만 달러를 올렸는데 1988년에는 겨우 5천만 달러로 추락을 했다. 그래서 5공 집권기를 '방산 암흑기'로 부르는 이유다. 우매한 판단으로 수백만 달러를 들여 외국에서 핵심기술을 배워온

인재를 900명씩이나 내쫓지 않았다면 방위산업은 그토록 기나긴 침체기를 맞지 않았을 것이다.

역대 정권의 방위산업 현황

전두환 정권 이후에도 방위산업은 그다지 빛을 발하지 못했다. 여러 정권의 위정자들이 방위산업 자체에 대해 무지했거나 미국의 눈치 보기에 바빠서 강력한 드라이브를 걸지 못했다. 더구나 1990년대에 들어서면서 공산 블록이 무너지고 세계화 물결이 거세게 일어난 탓도 있을 것이다.

1990년대 초반, 독일이 통일되고, 소련이 붕괴되고, 냉전시대가 종언을 고하는 역사의 대전환이 이루어졌다. 그러나 한반도는 통일이 요원해 보였다. 다만 1987년 6·10 항쟁으로 국가의 정치체제는 30년 만에 군사 독재에서 민주체제로 전환되는 급격한 변화의 시대를 맞이했다.

■ 노태우 정부

민주화 이후 직접 선거로 들어선 노태우 정권은 1988년 '8·18 계획'이라고 하는 새로운 군사 개획을 천명했는데 노태우는 이를 '국방의 한국화'라고 표현했다. 노태우는 미국의 역할은 어디까지나 우리를 도와주는 데 그치는 것이기 때문에 한국 방위의 한국화를 추구할 시점에 왔다고 지적하고 제2의 창군 정신으로 조속히

정착시키라고 지시했다.

이 계획은 군대가 고가의 최신식 무기와 재래식 무기의 균형 잡힌 조합을 보유하는 것을 목적으로 삼았다. 또 국방부와 합참의 전력소요기획 및 방위사업 관련 조직과 기능을 대폭 강화하여 장기적이고 체계적으로 방위산업을 추진할 수 있도록 한 조치였다.

1980년대 후반, 한국 해군은 북한 잠수함으로부터 중요한 항로를 더 잘 보호하기 위해 150톤 돌고래 난형 잠수함을 대체하기 위해 더 큰 잠수함의 획득을 추구하기 시작했다. 장보고급 잠수함은 이후 1990년대 독일의 Type209 잠수함을 기반으로 개발되었다.

1989년, 한국의 항공우주산업은 방위사업에 더욱 적극적으로 나서기 시작했다. 정부는 20년 이내에 초음속 전투기의 국내 개발을 위해 한국형 전투기 프로그램을 개발하겠다고 발표했다.

이 시기에 대한항공은 또한 미 공군과 계약을 맺어 한국, 일본, 필리핀에 주둔하고 있는 F-4, F-15, A-10, C-130의 유지보수를 담당하게 된다.

1990년 한국은 새로운 탱크, 대포, 헬리콥터를 생산하기 시작했다. 미제 탱크를 기반으로 현대정공이 M48 탱크의 후속 모델인 88전차를 개발했다. 삼성테크윈은 K55로 명명된 미국산 M109 곡사포를 라이센스 생산했고, 기아공작기계는 105mm와 155mm견인곡사포를 생산했다. UH-60 헬리콥터도 한국에서 삼성에어로스페이스가 생산했다. 이 무렵부터 한국의 방위산업은 국가 군용 무기, 차량, 장비, 탄약 및 기타 필수품의 70%를 생산할 수 있게 되었다.

■ 김영삼 정부

김영삼 대통령이 들어선 문민정부 초기에 권영해 국방부 장관은 미완의 818계획을 완결 짓고 "21세기 통일 대비 '신(新)국방태세'를 정비한다"는 목적으로 '국방개혁위원회'를 발족시켜 장관 직속으로 운영했다. 그러나 1993년 12월에 국방부 조달본부에서 포탄 도입 사기사건이 터지면서 권 장관이 물러났다. 후임 이병태 국방부 장관은 국방개혁위원회를 해체하고 '각 군별 개혁안'을 만들도록 지시했다.

문민정부의 본격적인 방위력개선사업제도 개선안은 1996년 말에 이루어졌다. 1996년 11월 '제도개선연구위원회'를 만들어 방위력개선사업과 관련한 제도개선 방안을 연구했고, 연구 결과를 종합한 '국방제도개선 연구 결과'를 김영삼 대통령에게 보고하고, 1997년 1월부터 시행했다.

제도 개선의 주요 내용은 기존에 9단계이던 무기 체계 획득업무절차 중에서 '무기 체계 선정', '구매방법 결정', '무기 체계 채택' 과정이 현실적으로 불필요한 절차로 보고 이를 폐지하여 획득단계를 6단계로 간소화하고, 무기 체계 선정과 채택을 심의하던 '무기체계협의회(기존 무기체계심의회)'도 폐지했다.

그리고 무기 체계 기종 결정 방식을 기존에는 '협의회'에서 종합평가를 토대로 결정하던 것을 제안요청서(RFP)의 요구조건을 충족하는 대상 기종 간의 '경쟁입찰'을 원칙으로 하는 방안을 도입했다.

그동안 방위산업에서는 기종 결정이나 업체 선정이 이루어진 후에 참여 업체들이 국방부의 결정에 승복하기보다는 대체로 이의를 제기하거나 불만을 많이 표출하는 실정이었는데, 이는 기종 결정이나 업체 선정의 기준과 방식에 있었던 것이다. 그러나 시대의 흐름이 투명성과 객관성을 지속적으로 요구하는 상황에서 보다 객관적이고 간명한 의사결정 방식이 요구되었다.

김영삼 정권하에서는 한국 정치에 대한 군의 영향력을 좀 더 없애기 위해 대통령은 군을 문민 통제로 전환하고 권위주의적인 군사적 영향력의 요소 제거에 방점을 두어서 하나회 해산, 전두환·노태우 전 대통령 구속 등 군이 더 이상 큰 영향력을 행사할 수 없게 되면서 군과 방위산업의 혁신과 변화는 차순위가 되었다. 더구나 1993년 율곡비리, 1996년 린다 김 사건 등 대형 방산비리로 세상이 들썩이면서 방산을 대대적으로 밀지 못했다.

■ 김대중 정부

1998년 4월 15일, 김대중 대통령은 국방개혁추진위원회와 국방개혁 5개년 계획을 발족하였다. 위원회는 한국이 보다 효과적이고 경제적으로 만들기 위한 구조 조정과 함께 정보 기반의 최첨단 군대가 필요하다고 결론지었다. 이 조언에 따라 정부는 군대의 모든 부문에 걸쳐 보다 진보된 무기와 자산의 개발과 조달을 촉진하기 시작했다.

김대중 대통령의 '국민의 정부'는 1998년 4월 15일 국방개혁추진위원회를 5년간의 상설기관으로 발족시켰다. 국방개혁추진위원회는 '국방개혁 5개년 계획'을 수립하여 58개 과제를 발굴하고 1998년 7월 2일 대통령의 재가를 받은 다음 본격적인 국방개혁에 착수했다. 국방개혁추진위원회는 방위력 개선을 위한 구조적인 검토에 착수하여 1998년 12월 관련 조직을 개편했다.

전력계획, 획득개발, 사업조정 등 각 기능별로 분산되어 있던 획득업무를 기존의 방위사업실 중심으로 통합하여 전담하는 '획득실'을 신설했다. 전담 조직의 신설로 방위력개선사업은 기존의 기능별 조직에서 프로세스 중심의 통합사업관리체제로 전환되었다. 무기 체계 및 비무기 체계의 획득업무가 획득실로 통합되어 책임제 관리체제로 개편되었고, 주요 의사결정 때 비용분석과 심사평가를 의무화하여 분석평가의 기능을 강화했다.

■ 노무현 정부

2005년 6월 1일, 노무현 정부는 기술적으로 진보된 군사력과 정교한 국방력을 구축하기 위해 국방개혁 2020의 초안을 작성했다.

개혁의 골자는 2020년까지 군대 인력을 65만 명에서 50만 명으로 줄이는 것이었다. 대통령의 재가를 받아 완성된 국방개혁 2020은 국방개혁의 추진 방향으로 국방의 문민 기반 확대(군은 전투 임무 수행 전념), 현대전 양상에 부합되는 군 구조/전력 체계 구축, 저비용 고효율의 국방관리 체제로 혁신, 시대 상황에 부응하는 병영문화 개선이라는 네 분야를 제시하고 있다.

이를 위해 국방부는 군 구조와 운영을 개혁하고 국방부 직위의 70%를 문민화하면서 군 규모를 2020년까지 50만 명 정도로 감축할 계획이라고 밝혔다.

또한 방위산업의 경쟁력을 높이기 위한 개혁을 시행했다. 한국의 방위산업은 새로운 무기와 장비를 개발하고 제조하는 데 매우 큰 비중을 갖고 성장했다. 예를 들어, 군대는 새로운 UAV 인력의 수를 줄이는 주요 지점이기 때문에 탱크, 포병, 보병 전투 차량 및 기타 무기가 인력 감소를 상쇄하기 위해 개발되었다. 해군도 새로운 함정과 잠수함을 조달하게 된다. 마찬가지로 공군도 F-15K 전투기 도입, 공격용 헬리콥터, 지대공 미사일, 공중 급유 및 공중 조기 '하이-로우 믹스'를 획득하여 자체 능력을 향상시켜나갔다.

2006년 1월 1일, 방위사업청(DAPA)이 군사 프로젝트 및 조달 관리를 더욱 강화하기 위해 설립되었다. 2010년경 중국의 군사화, 러시아의 군사 활동 부활, 미국의 안보 약화 속에서 동남아시아와 유럽 국가들은 새로운 무기 체계를 확보하여 군대를 강화하고 재건하기 시작했다. 그 결과 한국의 방위산업은 2010년대 내내 신규 고객이 급증하고 수출이 증가했다.

이 시기에 제조업과 수출의 엄청난 증가는 한국의 방위산업과 군대에 전례 없는 성장을 가져왔다. 무기 수출 수익은 2006년 2억 5천만 달러를 달성했다.

■ 이명박 정부

이명박 대통령은 사업가 출신답게 임기 초기부터 UAE를 비롯한 중동, 동남아시아 국가를 누비며 방산 수출의 씨앗을 뿌려서 '방산 세일즈'의 원조라는 소리를 듣는다. 하지만 이명박 정부 시절 국방정책과 방산정책은 지리멸렬하기 그지없었다.

이명박 정부는 더욱 미국에게 고분고분한 정책으로 임했다. 전작권 전환보다 한미동맹 강화에 우선순위를 두어서 미국과 2011년 전작권 전환을 2015년으로 연기하기로 합의했다.

2010년 천안함 사건과 연평도 포격 사태 이후 국방개혁계획 307(DR 307)을 마련했다. 그러나 이명박 정부는 안보 현실을 무시한 채 NSC(국가안전보장회의)를 폐지했고, 병역미필자를 안보 직위에 대거 등용했다.

군이 허용하지 않던 롯데월드 및 포항제철의 고도제한 변경 요구를 승인하면서 그것을 거부하는 공군참모총장을 경질했다. 이 시기에 북한의 특수부대와 사이버 위협에 대응하기 위한 계획을 설계했다. 그에 따라 북한의 사이버 위협에 대응하기 위해 사이버 사령부가 창설되었다.

그런데 병사의 의무 복무 기간을 18개월로 점진적으로 줄이기로 했지만 이명박 정부는 21개월로 단축을 중단했다.

■ 박근혜 정부

박근혜 대통령은 방산세일즈를 표방하며 해외 순방을 다닌 것으로 유명하다. 2013년 이라크를 방문해서 FA-50 24대, 이듬해 필리핀에 FA-50 12대를 팔고, 2015년에 T-50 4대를 태국에 수출했다. 세계적 명품 자주포인 K9의 수출도 당시에 이뤄졌다. 하지만 박근혜 정부는 방위산업정책이라고 할 만한 것이 없었다.

오히려 범죄와의 전쟁을 연상시켰던 방위산업 비리수사를 통해 방위산업체의 의지를 꺾은 정권으로 기억되고 있다.

2014년 통영함 납품비리가 발생하자 박근혜 대통령은 철저한 수사를 지시했다. 통영함 음파탐지기 납품, 해군 해상작전헬기 도입 비리 등 정부가 '방산비리와의 전쟁'을 선포하며 대대적 수사에 나섰지만 대부분 무죄 선고를 받을 정도로 실체가 없었다. 비리로 지적되었던 사업들은 상당수가 국내 개발된 무기들이 아니라, 해외 도입된 무기들로 국내 방위산업체들과는 연관성이 없었다. '단순 부실'을 비리로 매도했던 것이 대부분이어서 방위산업계 전체를 위축시키게 만들었다는 혐의를 받고 있다.

■ 문재인 정부

문재인 정부의 방산업적 중 뚜렷한 것은 '기술료 면제' 정책이다. 방위사업청은 수출 활성화를 이유로 2019년부터 업체에 부과되는 기술료를 전면 감면하기로 했다.

대부분의 방산 무기는 ADD가 핵심기술을 개발해서 나왔기에 방산업체는 무기를 생산할 때마다 저작권료를 내듯 2%의 로열티를 지불해야 했다. 이 금액을 전액 면제하자 방산업체는 그만큼 가격 경쟁력이 생긴 셈이다.

문재인 정부는 2020년까지 킬체인, 한국형미사일방어체계(KAMD), 대량응징보복(KMPR) 등 북한의 위협에 대응하기 위한 3대 전략 개발을 완료한다는 목표를 세웠다.

새로운 개혁의 일부는 한국의 방위산업과 무기 수출 지원에 중점을 두었다. 국가의 산업을 성장시킬 뿐만 아니라 외국(주로 미국)

방위 기술에 덜 의존하게 된다.

이러한 노력 중 하나는 KAI(한국항공우주산업)의 KF-X 개발을 포함한다. 미국 제너럴 일렉트릭 F414 엔진 사용에 의존하지만, 항공 전자 공학은 대부분 국산화를 이루었다.

2019년 1월, 한국은 외국 방산 계약자와의 기술이전보다 현지 생산 및 수출에 더 중점을 두도록 방위 오프셋 정책을 변경했다. 2019년 무기 수출액은 14억 8천만 달러로 보고되었다. 하지만 2018년 대비 11.5% 감소한 결과였다. 한국 방위산업이 K-방산 이란 타이틀을 거머쥐고 세계로 내달리기 시작한 것은 2020년 이후의 일이다.

문재인 정권에 이르러 한국은 무기 수출액이 수입액보다 많아 지는 시대를 맞이했다.

돈 먹는 하마 그리고 부실과 비리

돈 먹는 하마

앞서 우리는 방위산업에 올인했던 박정희의 카리스마가 사라진 후, 방위산업 정책이 표류하는 것을 살펴보았다. 각종 지원으로 독점재벌을 만들어 주었던 박정희는 그 대가로 재벌들에게 할당을 주어서 무기를 만들도록 강제했었다. A 기업은 탱크, B 기업은 자주포, C 기업은 함정, D 기업은 항공기 하는 식으로 말이다.

굴지의 재벌로 거듭난 현대, 삼성, LG, 두산 등의 기업들은 방산 분야는 "돈이 안 된다"는 것을 알고 있었지만 고분고분 따랐다. 과거 소총 한 자루 만들지 못했던 한국을 방산 강국으로 탈바꿈하게 한 일등 공신이 박정희라는 데 이견이 있을 수 없다. K-방산의 주력 무기인 K-9 자주포, K-2 전차 등의 핵심 기술이 모두 ADD 작품이라는 점을 감안하면 그의 업적이 어느 정도인지 가늠해 볼 수 있을 것이다.

하지만 박정희 정권 이후부터는 이야기가 달랐다. 신무기 개발에는 천문학적 비용을 들지만, 방산의 주 소비자는 국방부인데, 국가기관인 만큼 이윤을 높게 책정할 수 없어서 일각에서는 방산을 '돈 먹는 하마'라고 했다. 그래서 재벌들은 정부가 하라니까 어쩔 수 없이 하는 사업으로 치부하고 방산부서는 그룹에서 소외된

별종쯤으로 취급되기 일쑤였다.

삼성같이 힘이 센 재벌들은 돈이 안 되는 방산업체를 아예 팔아 넘기기까지 했다. 이 때문에 주인을 잃은 방위산업의 산업적 기반이 침체되면서 국가의 방위역량 자체도 약화되고 있다는 평가를 받기도 했다. 어쩔 수 없이 사업을 이어 나가야 했던 방산업계들은 정권이 바뀔 때마다 오락가락하는 방위산업 전략 때문에 정부로부터 느끼는 상대적 박탈감이 컸다.

방산업체가 추가 매출을 내기 위해서는 수출이 답인데 쉽지 않다. 기술 수준은 세계 수준을 따라잡지 못하고 있는 마당에 미국, 러시아, 중국, 유럽 등 군사 강국들과 기술 경쟁은 물론 가격 경쟁까지 벌여야 한다. 2010년대만 해도 한국 무기가 해외에 수출되는 경우가 드물었다. 실제로 삼성테크윈이 만들던 K-9 자주포가 인도, 튀르키예 등에 수출되기는 했으나 수출액이 크지 않았다.

게다가 정권이 바뀔 때마다 방위산업을 둘러싼 잡음이 많아지면서 비리의 온상으로 인식되는 현실이 장기화됨에 따라 국방산업 전체의 활력도 소진되는 경향이 있었다.

부실과 비리 그러나…

포 못 쏘는 군함, 잠수 못하는 잠수함
구멍 뚫린 한국군 무기 체계
강물에 침수된 K-21 장갑차

복합적 문제 덩어리 K11 복합소총

국산화가 능사는 아니다

위의 글들은 방위산업의 부실과 비리를 알리는 언론 기사 제목들이다.

방위산업은 산업의 특성상 어두운 거래가 많은 것으로 알려져 있다. 세계적으로 대표적인 것이 1976년 일본 사회가 발칵 뒤집힌 이른바 '록히드 사건'이다. 이 방산비리 사건으로 현직 수상인 다나카 가쿠에이(田中角榮)가 구속되는 등 일본 사회에 일으킨 파장은 쓰나미만큼 컸다.

이 사건은 일본에서만 그치지 않고 일파만파 퍼져나갔다. 미국의 방위산업체인 록히드마틴이 1950년대 후반부터 1970년대까지 항공기를 팔기 위해서 여러 나라에 뇌물을 뿌렸는데 일본뿐만 아니라 서독, 이탈리아, 네덜란드 정치인들도 매수되어 실각하거나 감옥으로 가는 등 지구촌 전체에 큰 영향을 주었다. 그 사건 이후 방위산업은 거의 비리의 온상인 것처럼 부정적 인식이 확산되어 왔다.

한국에서도 방산비리 사건이 심심치 않게 터져서 방위산업 발전의 발목을 잡았다. 대표적인 것이 율곡사업 비리라 할 수 있겠다. 박정희 시대를 마감하며 미사일 개발이 중단되고 ADD(국방과학연구소)가 축소되는 등 시련의 과정이 있었으나, 2·3차 율곡사업을 통해 방위산업의 기반이 다져지고, 한국형 정밀무기 개발에 대한 도전은 계속되었다.

그 사이에 정권이 바뀔 때마다 국방정책, 방산정책이 바뀌면서 방산비리 사건도 심심찮게 튀어나왔다. 문제는 그것이 정권 보복 차원이거나 ADD나 방위사업청, 혹은 군대 내의 알력 때문에 벌어진 사단이라는 데 있다.

이를테면 2015년 방산비리 합동수사단이 전·현직 장성급 11명 등 77명을 기소하면서 방산비리 액수가 1조 원에 달한다고 발표한 사건이 있었다. 이후 국방부, 각 군, 방위사업청 등 관련 기관들이 이에 제대로 된 대응을 못해 '방산비리 규모 1조 원'이 마치 사실인 것처럼 고착화 됐고 지금까지 많은 국민은 이를 그대로 받아들이고 있다.

그러나 2015년 합수단이 발표한 '방산비리 규모 1조 원'은 해상작전헬기, 통영함, 소해함, K-11 복합소총, 정보함 등을 비롯해 문제가 제기된 11개 사업의 총사업비를 합친 금액이다. 실제 소송가액은 1,225억 원(합수단 발표 금액의 12%)이며, 현재까지 대가성이 확인된 뇌물 수수액은 2.62억 원에 불과하다.

왜 이런 현상이 일어난 것일까? 이런 국민적 인식은 1993년 율곡사업과 관련된 '린다 김 사건' 등 과거 대형·권력형 비리사건의 트라우마 때문인 것으로 보인다. 그 영향으로 무기 체계 및 장비의 연구개발, 생산과정에서 발생하고 있는 문제들에 대해 비리 개연성만 보고 의심하거나 사실관계를 무시하고 부정, 비리로 간주하는 경향이 상당히 많은 것 같다

한국은 무기 체계와 장비 개발과정에서 조금이라도 결함이 생기면 곧바로 비리로 간주해 색안경을 끼고 바라보는 경향이 있다.

업체들은 제한된 내수 시장을 두고 출혈 경쟁을 벌인다. 기술이나 품질 경쟁보다 가격 경쟁에서 이겨야 한다. 저가 수주에 따른 품질 저하 등 부작용은 종종 방산비리로 나타난다. 중복 투자는 전문성과 효율성을 떨어뜨린다. 시장과 제품의 특성을 고려한 맞춤형 경쟁체제가 필요한 이유다.

이런 점을 인식한다면 기술적 미흡으로 인해 발생하는 문제나 정책적 판단에 의해 결정된 사안들을 무조건 방산비리로 몰아서는 안 되는 것이다. 그렇지만 우리나라는 이런 것을 그냥 비리로 간주해 기소해버리는 경우가 대부분이다. 2015년 합수단이 방산비리 혐의로 기소한 대부분의 사람이 잇따라 무죄판결을 받는 사례들이 이를 증명하고 있다.

따라서 기술적 미흡이나 정책적 판단에 의한 결정은 방산비리로 몰고 가는 수사는 지양해야 한다.

자주 언론에 등장하는 비리사례들 중에 많은 것들이 '군납비리'(군수품 비리)이지 방산비리가 아니다. 1994년 율곡비리 가운데 '린다 김 사건'은 방산비리가 아닌 '해외 무기 도입 비리'다. '방산비리', '군납비리', '해외 무기 도입 비리' 등의 용어를 엄격하게 구분해 사용할 필요가 있다. 이 모든 것을 다 합쳐서 아무 생각 없이 '방산비리'로 부르는 우를 범하지 말아야 한다.

해외에서 무기 도입을 하면서 발생한 각종 해외 무기 도입 비리들이 '방산비리'라는 잘못된 용어로 사용되어지면서 방위산업에 종사하고 있는 많은 종사자들이 '비리집단'으로 내몰리는 상황에 처한 셈이다,

방산기업 한화의 도약

그 와중에도 '한국의 록히드마틴'을 외치며 방산에 매진하는 재벌기업이 있었는데 바로 한화그룹이다. 한화는 2014년 모태 산업 중 하나였던 방산 역량을 강화하기 시작했다.

한화는 1952년 창업주 김종희가 '한국화약'을 설립하고 다이너마이트 등 산업용 화약사업을 만들면서 시작된 회사다. '다이너마이트 킴'이라고 불리던 김종희는 1968년 1·21 사태가 일어났을 때 사명감을 갖고 한국 최초의 수류탄을 만들어 납품을 하기 시작했다. 창업주의 뒤를 이은 2대 회장 김승연은 '한국의 록히드마틴'을 꿈꾸며 방산에 전념했다.

한화는 2015년 삼성테크윈 등 타 그룹의 방위산업 부문을 인수해 한화테크윈을 설립한 뒤 2017년 방산 부문만 분사해 전문화 과정을 거쳐 2019년에 종합방산업체 한화디펜스를 출범시켰다. 그리고 출범 직후 이전의 한국 방산업체에서는 보기 힘든 공격적인 R&D와 해외 제휴, 마케팅에 나서기 시작했다.

2016년에는 벨기에 CMI 디펜스와 손잡고 K21 장갑차에 105mm/120mm 포탑을 얹은 경전차를 개발해 미 육군 차세대 경전차 사업인 MPF 프로그램에 도전장을 내며 국제 시장 개척을 시작했다.

2014년 한화는 삼성과의 초대형 빅딜을 통해서 방산부문 4개 계열사를 1조 9,000억 원에 사들였다. 한화는 인수 후 물적 분할과 내부 합병을 통해 그룹 지배구조를 개편했다. 각 계열사들의 전문성을 살려 독립법인을 신설했고, 중복 사업은 과감히 합쳤다. 이를 통해 한화에어로스페이스(항공엔진·항공산업), 한화디펜스(방산무기), 한화시스템(IT·방산), 한화정밀기계(정밀·공작기계), 한화파워시스템(에너지), 한화테크윈(시큐리티) 등의 방위사업체가 꾸려졌다.

사실 기존의 국내 업계 관행에 찌든 입장에서 한화의 행보는 이해하기 어려운 점이 많다. 우리 군이 소요를 제기하지 않은 사업에 과연 그 누가 수백억 원의 자기 자본을 투자라는 무거운 리스크를 끌어안고 세계 시장의 문을 두드린다는 말인가?

그러나 한화는 그 어려운 일을 해 나가고 있고, 세계 각국에서 열린 주요 방산전시회에서 호평을 받으며 그 가능성을 인정받고 있다. 한화는 꺼져가는 방산에 불을 지폈고, K-방산 도약의 중심에 서 있다.

분단의 아픔을 이겨내며
발전한 K-방산

우리는 이 책을 써나가면서 한반도라는 지정학적 숙명에 대해서 생각하지 않을 수 없었다. 잘 아시다시피 우리가 사는 한반도는 예전부터 아시아 대륙의 동쪽 끝, 조그만 반도인데 대륙 세력과 해양 세력이 맞닿는 접점에 놓여 있다. 한마디로 21세기에 이르러서도 미국, 중국, 러시아, 일본이라는 세계 4대 강국의 배꼽에 놓여 있는 것이 우리의 운명이다.

　제국주의와 세계대전의 최대 피해국이었음에도 불구하고 한반도는 허리가 두 동강이 난 나라가 되어있다. 최악의 전범 국가 일본은 다시 흥기하고 글로벌 경제 대국으로 다시 성장했는데 우리는 세계 유일의 분단국가로 남아 있다.

　이 책을 써나가면서 가장 가슴 아픈 사연은 미국은 한국을 전폭적으로 지원하는 세력이 아니었다는 깨달음이었다. 박정희가 밀어붙인 미사일 계획이나 핵무장 계획은 논외로 치더라도 일반 무기 체계의 구축에 있어서도 미국은 항상 갑이었고 우리는 늘 을이었다. 국민의 혈세를 모아 무기를 구매하는 데도 우리는 순위에서 밀려 구걸하듯 무기를 사야만 했다.

　분단의 아픔을 이겨내며 K-방산 도약하고 있는 지금도 우리는 세계 유일의 분단국가이다. 같은 민족임에도 불구하고 남에는 60만 젊은이가 북에는 100만 젊은이가 서로 총부리를 겨누고 서 있는 70년 분단국가 ―그러나 우리는 지금 분단의 아픔을 이겨나가며 세계로 도약하는 길을 찾아가고 있다.

미국의 지원과 견제

갑과 을일 뿐, 허울뿐인 한미동맹

쿠데타로 정권을 잡은 박정희 정부는 야심 차게 경제개발 계획을 추진하기 시작했다.

1962년 1월 발표된 제1차 5개년 계획에는 수력 4개, 화력 8개 발전소의 건설 외에도 비료, 정유, 시멘트, 종합제철소, 종합기계, 조선소, 자동차 등 중화학 전 분야에 걸친 공장 건설 계획이 총망라되었다.

기술도, 자금도, 자원도 없는 한국에게 이 계획은 거의 무모한 것이었다. 미국은 이승만 정권부터 한국의 공업화 자체에 부정적이었다. 한국은 비교우위가 있는 농업에 주력하고, 공산품은 일본에서 수입하라는 터무니없는 권고를 하기도 했다.

미국은 박정희의 야심 찬 계획을 폄하하면서 목표 성장률을 낮추고 종합제철소와 같이 과도한 투자계획을 취소하라고 요구해 왔다. 쿠데타를 일으킬 때는 의욕에 넘쳤으나 막상 나라의 금고를 열어보고 금고가 텅 비어 있는 것을 확인한 박정희 정부는 한 발 뒤로 물러설 수밖에 없었다.

결국, 투자 사업을 대폭 축소해 정유공장과 비료공장 건설 사업만을 남겼다.

1962년, 정부는 국영기업 대한석유공사를 설립하고, 미국 걸프 석유회사의 투자와 차관을 얻어 정유공장과 비료공장을 울산에 건설했다.

1964년 12월, 박정희는 서독을 방문해 4,000만 달러의 차관을 빌려왔으나 그것으론 턱없이 부족했다. 외자도입의 큰 물꼬를 터야만 했다. 그 물꼬가 바로 한일 국교 정상화와 베트남 파병이었다. 한일 국교 정상화에 대한 반대 데모로 계엄령까지 내려야 할 지경이었으나 결과적으로 일본으로부터 들여온 청구권 자금으로 한국이 경제발전을 이룩하는 데 성공했음은 주지의 사실이다.

그리고 베트남 파병으로 30만 군대가 파병되었고, 5천여 명의 젊은이들이 목숨을 잃었다. 그들의 목숨값으로 얻어낸 베트남 특수는 한국의 경제발전에 초석이 되었다.

우리는 그렇게 10년간 목숨을 바쳐 미국을 도와주었건만 방위 산업에 관한 한 미국의 한국에 대한 대응은 늘 싸늘했다. 한국이 무슨 자기들 식민지도 아닌데 미국은 한국이 자주적 방위산업을 일으키는 것을 극히 꺼려했다.

한국과 미국은 동맹국으로서 군사적으로 밀접한 관계를 맺고 있었으나 미국은 한국의 방위산업을 육성시킬 계획도 의도도 없었다. 오히려 박정희의 방위산업 계획에 사사건건 개입하면서 훼방을 놓았다. 쉽게 말해서 기술도 없는 너희가 무기 만들려고 애쓰지 말고 미국에서 사다가 쓰라는 갑질이었다.

이제는 공개된 무기 거래에 대한 한미간의 공식문서를 보면 국가간 대등한 거래가 아니었다. 전적으로 갑과 을 사이의 거래였다는 모멸감을 느꼈다. 미국이 패전 위기에 처한 한국을 구해준 것도 사실이고, 많은 식량 원조와 무기 원조를 해준 덕분에 위기를 넘긴 것도 사실이고 고마운 일이다. 하지만 그것은 세계 패권을 장악하기 위한 그들의 전략의 일환이었을 뿐이라는 점을 명심하자.

무기 수입국 위치 격상

무기 수입국 위치 격상이란 말을 들어 보았는가?

웃기는 것은 우리 돈을 주고 사는 무기 수입도 우리 마음대로 되는 것이 아니었다. 미국은 틈만 나면 한국과 미국이 전략적 동반자 관계라고 한미동맹을 강조하고 있었으나 그 말은 허울뿐이었다. 미국산 장비를 구매할 때면 미국 의회 심의를 받게 되는데 미국은 나토(NATO)에는 FMS 1등급을, 호주·일본·뉴질랜드에는 2등급을 부여하고, 한국은 3등급 대우를 하고 있었다.

1975년에 들어서면서 미국은 우리나라에서 생산할 능력이 없는 전차, 잠수함, 공격헬기, 전투기 등 공격용 무기는 한국에 팔지 않겠다는 입장을 밝혔다. 박정희는 미군이 한국에서 빠져 나가면서 이럴 수 있느냐고 격노하며 강경 대응에 나섰다.

박정희는 1975년 8월 서울에서 열릴 한미 연례안보협의회를 앞두고 《뉴욕 타임스》와 인터뷰를 하면서 이렇게 선언했다.

한국군이 독자적인 전력증강계획을 추진 중인데 4, 5년 후에
는 미 지상군이 한국에 주둔할 필요가 없게 될 것이다. 그때가
되면 미 지상군은 한반도에서 나가도 된다. 그러니 우리에게
무기나 팔아라.

한국이 그렇게 강하게 나가자 미국의 자세가 바뀌었다. 제임스
슐레진저(James Schlesinger) 미 국방부 장관은 8월 27일 서울에서
열린 한미 연례안보협의회에 참석한 후 만찬 연설을 통해 "주한미
군은 한국 방어만을 위해 주둔하는 것이 아니다. 미국으로서는 사
활적인 이해관계(vital interest)가 달린 문제이므로 한반도에 계속
주둔한다. 그러니 나가라고 하지 말라"고 하면서 율곡사업을 적극
지원하겠다고 밝혔다.

한국이 미국 무기 수입 국가 3등급에서 2등급으로 격상된 것은
2008년 이병박 정부 때부터다. 그때 언론은 "한국의 FMS 지위 격
상은 '특별한 동맹'의 상징", "미 방산업계, 유럽 무기 견제하려 한
국 무기 구매 지위 격상 지지" 따위의 눈물겨운 메시지를 남겼다.

미국이 내세우는 이유는 그럴듯하다.

2009년 3월 2일자 《동아일보》에는 "LIG넥스원, 독자 기술로
생산된 ALQ-200 장비 파키스탄에 수출할 계획'이라는 취재 기사
가 실렸다. ALQ-200 장비란 KF-16 전투기에 장착된 전파 방해
장비였다.

파키스탄은 주로 중국제 무기를 사용하는 나라인데 여기에 한
국이 첨단 핵심 장비를 판매한다고 언론에 보도 기사를 내자 미국

은 크게 놀랐다. 미국은 즉시 "한국이 판매하는 ALQ-200이 중국 전투기에 장착될 가능성이 있다"며 한국 정부에 즉각 이의를 제기했다. 그 과정에서 "ALQ-200이 한국의 독자 기술이 아니라 미국제 기술을 도용한 장비"라고 우겼다. 한국 측은 이 제품은 ADD의 연구개발상까지 수상한 "순수 한국 기술이 맞다"며 인증서까지 내밀었으나 미국 측은 "어림없는 소리"라며 일축했다. 그 후 파키스탄 수출은 물 건너갔다.

이런 지경이니 한국이 미국 무기 수입 국가 3등급에서 2등급으로 격상된 것은 감지덕지해야 할 일인 것 같다. 이처럼 미국의 방산업계가 한국의 FMS 지위 격상 법안 개정에 발 벗고 나선 데 대해 한국 방산업계 주변에서는 "유럽 무기를 견제하기 위한 것"이라는 얘기가 흘러나오고 있다.

결론부터 말하자면 한국의 FMS 지위 격상은 미국 방산업계의 이익과 밀접한 관계가 있다.

그들이 버린 무기를 국산화하다

토끼를 쫓는 거북이처럼

미국에서 무기 수입조차 차별받던 변방의 국가 한국은 이제 세계 4대 방산 국가의 지위를 넘보고 있다. 어떻게 반세기 만에 무기 수출 강국으로 우뚝 설 수 있었을까?

그동안 한국의 방위산업은 박정희가 자주국방을 제창하기 시작한 이래 50년 가까이 미국이 짜놓은 틀에서 벗어나지 못했다. 대한민국과 비슷한 시기에 건국됐고, 훨씬 작은 규모의 국토와 인구를 가진 이스라엘이 방위산업을 키워 세계 방산시장을 휩쓸며 연간 100억 달러 안팎을 벌어들이는 것을 보면서 우리 방위산업 관계자들은 속을 태우지 않을 수 없었다.

우리 방위산업은 60만 대군을 껴안고 방산물자를 생산하고 있음에도 불구하고 세계 방산 시장에서 명함을 내밀지 못해 왔었다. 한국군의 무기 대부분은 잠재적인 북한의 침략에 맞서 싸우도록 설계되었다. 처음에 한국은 M16 소총, M48 탱크, M113 APC 장갑차와 같은 미국산 무기와 차량을 배치했다. 차량에 대한 초기 프로그램에는 미국의 지원을 받아 차량을 유지하고 업그레이드하는 것이 포함되었다.

한국의 방위산업은 초기에 자국 군대의 요구를 충족시키기 위해 외국 무기의 변종을 복제하거나 라이선스 생산했다. 말하자면 그들이 버린 무기에 대한 연구개발과 외국산 무기 제조 경험을 통해 한국은 기본 무기를 자체적으로 생산할 수 있는 능력을 개발했으며, 이후에는 더 진보되고 정교한 시스템을 개발해 왔다.

1970년대에서 1980년대 사이에 한국은 지상군을 위한 많은 재래식 무기와 장비를 국내에서 개발하기 시작했다. 1976년 한국은 이탈리아로부터 KM900장갑차를 들여와 라이센스 생산했고, 나중에 한국형 보병 전투 장갑차 K200 KIFV를 개발했다.

1970년대 중반에 우리 정부는 북한에 뒤진 기갑 전력 격차를 해소하려고 미국에 M60 전차의 면허생산권을 요청했다. 그러나 미국은 기존에 공급한 M48 전차면 충분하다며 거절했다. M60 전차 인수가 거부된 후, 한국은 1980년 국내 최초로 전차 개발에 착수했다.

현대로템은 M1 에이브람스 프로토타입인 XM1을 기반으로 XK1 프로토타입을 개발하게 된다. 1984년, 이 제품은 인도에 수출되었고, 1985년에 대량 생산이 이어졌다. 이 전차는 마침내 1987년에 대중에게 공개되었으며 1988년에 K1 88-전차라는 명칭으로 공식적으로 서비스에 들어갔다.

1980년대에 삼성테크윈(현 한화테크윈)은 미국이 설계한 포병을 기반으로 국산 포병 시스템을 개발했다. 여기에는 K55, KH-178 및 KH-179가 포함된다. 이러한 성공은 'K-방산 전성시대'를 이끄는 K-9 자주포(1998년)와 T-50 고등훈련기(2003년), K2 전차(2007년), FA-50 경공격기(2013년) 등의 개발로 이어졌다.

K-방산의 신호탄

그러던 2017년, 한국 방위산업의 지각변동을 알리는 신호탄이 발사됐다. 바로 한화디펜스가 쏜 신호탄, '레드백(Redback)'이었다.

레드백은 육군이 운용 중인 K21 보병전투장갑차의 핵심기술을 바탕으로 개발한 최첨단 궤도장갑차로, 호주 육군의 차세대 장갑차 도입 사업(LAND 400 Phase 3)의 최종 2개 후보 기종 중 하나로 선정됐다.

호주 육군이 구입하려는 장갑차는 물량만 450대로 110억 원을 넘는 21세기 최대의 보병전투차 해외 도입 사업으로 평가된다. 무려 2년에 걸쳐 철저한 시험평가가 이루어지는 이번 사업에서 승리한 업체는 수조 원 이상의 규모가 될 유럽과 동남아시아, 중동의 노후 장갑차 대체 시장에서 유리한 위치를 선점할 수 있게 된다. '메이드 인 코리아' 지상무기 수출 신호탄이 쏘아 올려진 것이다.

레드백 시제품은 K-9 자주포에 쓰는 1,000마력급 파워팩(엔진+변속기)을 달았다. 화력으로는 30㎜ 주포와 7.62㎜ 기관포, 이스라엘 라파엘이 개발한 5세대 대전차 미사일 '스파이크(Spike) LR2' 등을 갖췄다.

특히 호주군이 요구한 방호력을 높이기 위해 이스라엘의 방호 전문 업체인 플라산과 협력해 다층 방호 설계를 하고 차체 하부에 폭발 완충장치를 설치했다. 또 '아이언 피스트(Iron Fist)'로 불리는 능동방어 체계를 갖춰 적의 대전차 미사일을 능동위상배열레이더

(AESA)로 포착해 요격할 수 있다.

이러한 성능 덕분에 레드백은 보병전투차량 분야에서 세계 최고의 베스트셀러로 군림하던 BAE의 CV90 파생형과 미국의 거대 군수기업 제너럴 다이내믹스의 최신형 장갑차 에이잭스(Ajax)를 꺾고 독일 라인메탈의 KF41과 함께 총사업비 5조 원에 육박하는 호주 육군 차세대 장갑차 도입 사업의 최종 후보로 선정되는 이변을 연출했다.

세계적인 무기 잡지 〈디펜스뉴스〉의 2020년 100대 방산업체 명단에 따르면 한국 방산업체 4곳이 세계 100대 방산업체에 이름을 올렸다. 한화(32위), 한국항공우주산업(55위), LIG넥스원(68위), 현대로템(95위) 등이다.

애물단지 방산을 벗어나다

'돈 먹는 하마'에서 '방산 잭팟'으로

현대로템 K2 전차 첫 수출 쾌거

FA-50 경공격기 유럽 진출

천궁, 천궁II 등 첨단 국산무기 개발

K-방산 수출 잭팟 터트린 국대급 무기 체계

올해 누적 수출 25조 원 넘어 연간 목표액 2배 훌쩍 넘겨

방산을 '돈 먹는 하마'라고 부르던 시절이 있었다. 그런데 최근 위에 열거한 긍정적 기사들이 자주 등장하기 시작했다. 불과 몇 년 전부터의 일이다. 일반인들은 'K-방산'이란 말이 낯설었고 별로 실감하지 못했다. 그러던 것이 러우전쟁 이후 '폴란드 잭팟'이 터지면서 K-방산은 대중의 시선을 사로잡았다.

K-방산을 다루는 유튜브는 수백만 회 조회수를 기록하고 있고 K-방산 해설자들이 우후죽순 늘어나고 있다. 일각에서는 K-방산이 '제2의 반도체' 신화를 써나갈 것이란 전망도 내놓고 있을 정도다.

아무튼 K-방산이 애물단지에서 벗어나 '세계 4대 방산'을 향해 진격하고 있음은 주지의 사실이다. K-방산의 기치를 높게 올린

맏형은 누가 뭐래도 'K-9 자주포'다. K-9은 한국의 가장 인기 있는 수출품이자 세계에서 가장 인기 있는 자주포다. 2010년 북한의 연평도 포격 당시 대응 포격으로 명성을 얻은 K-9은 지속적인 수출로 세계 자주포 시장의 절반을 장악한 명품 무기로 거듭났다.

K-9은 1999년 시제 차량 생산 때부터 세계 최고 수준의 성능을 자랑했다. 미군 주력 자주포인 M109A6 팔라딘이나 영국제 AS-90이 최대 사거리가 30㎞대인 반면, K-9은 기본 사거리가 40㎞에 이른다. 특수탄을 이용하면 52㎞까지 늘어난다.

K-9은 다른 자주포에 비해 사격 준비 시간도 짧다. 자주포는 사격 지점으로 포신을 돌리는 '방렬'을 거쳐야 한다. 과거에는 사람이 직접 자주포를 조종해 포신의 위치를 돌려야 했다. K-9은 전자식 사격 및 사격통제장치와 자동장전장치를 갖추고 있어 이 과정이 전부 자동으로 이뤄진다.

K-9과 비슷한 성능을 가진 자주포는 현존 최강 자주포라고 하는 독일의 PzH2000뿐이다. 하지만 K-9의 가격 경쟁력이 훨씬 낫다. K-9의 판매가격은 1대당 평균 70억 원이다. PzH2000의 1대당 생산가격은 220억 원에 달한다.

성능은 큰 차이가 없는데 가격은 3분의 1 수준이니 K-9은 날개 돋친 듯 팔렸다. 사거리 40㎞ 자주포 중에서는 세계에서 가장 많이 쓰이는 자주포라고 해도 과언이 아니다. K-9은 지금까지 8개국에 1,500문 이상 수출되었으며, 2000년 이후 전 세계 자주포 시장에서 70% 가까운 점유율을 보이고 있다.

방산업계 관계자는 "K-9이 팔리면 이후 계약에서 탄약수송장갑차, 지휘장갑차 등 다른 무기도 자연히 팔리게 된다"며 "이외에도 판매한 무기를 유지·보수하는 과정에서 계속 수익이 발생할 가능성이 높다"고 설명했다.

한국은 세계에서 가장 큰 무기 수출국 중 하나다. 많은 국가에 수많은 고급 군사 하드웨어를 성공적으로 판매했다. 2010년에서 2014년 사이에 한국은 단 7개국에 무기를 수출했으며 그중 절반 이상이 튀르키예로 수출되었다. 2015년에서 2019년 사이에 한국의 군사 장비를 구매하는 국가의 수가 17개국으로 증가했다.

이는 2019년까지 한국의 수출이 143% 증가하여 2010~2014년 기간보다 두 배 이상 증가했음을 의미한다. 한국 무기 수출의 50%는 아시아·오세아니아 국가, 유럽 24%, 중동 17%였다. 세계적 권위를 인정받고 있는 스웨덴 스톡홀름국제평화연구소 (SIPRI)가 실시한 동일한 조사에 따르면 2019년 처음으로 10위권에 진입했다.

소총 탄약에서 초음속 전투기까지

K-방산 수출의 시작은 미미했다. 방산 수출의 원조는 풍산이다. 1975년 풍산이 필리핀에 M1 소총 탄약을 수출했다. 미국·인도네시아에 수출한 물량까지 합쳐서 수출액은 고작 47만 달러였다. 초기엔 소구경탄 위주였지만, 최근에는 중동, 중남미, 아시아 지역 국가에 대공탄, 박격포탄, 전차탄, 함포탄 등을 공급한다.

풍산은 비철금속 생산 전문기업으로 알려졌지만 2000년대에 국내 방산 수출 5년 연속 1위를 차지할 정도로 방산 수출의 숨은 주역이다. 국내 유일 종합 탄약 생산 기업으로 성장한 풍산으로부터 탄약을 사들인 나라는 32개국에 달한다.

탄약부터 시작된 K-방산은 1990년대 방위산업의 비약적 발전을 통해 첨단 무기 수출로 진화했다. K-9 자주포를 필두로 K-2 전차, 레드백 장갑차 등이 팔려나가고 있다. 한국은 지상 무기뿐만 아니라 항공기, 전함 부문에서도 강자로 떠오르고 있다.

한국의 전함 수출은 다른 나라에 비해 매우 성공적이다. 세계 1위 한국 조선업 덕분에 함정 제작에 유리한 점이 많기 때문이다. 2011년과 2019년 대우조선해양은 인도네시아에 장보고급 잠수함 6척을 수출했다. 이로써 한국은 미국, 영국, 프랑스, 러시아, 독일에 이은 세계 5대 잠수함 수출국이 됐다. 2012년 한국산 함대함 미사일 '해성'은 콜롬비아로 수출돼 현지 전투함에 탑재된 상태다. 또 2016년 현대중공업은 호세리잘급 호위함 2척을 필리핀에 수출했다. 거기에 대우조선해양은 2018년 광개토대왕급 구축함을 태국에 인도했다.

KAI(한국항공우주산업)의 T-50 경공격기는 한국에서 가장 성공적으로 수출된 항공기 플랫폼 중 하나다. 필리핀, 이라크, 인도네시아, 태국에 수출되었다.

KT-1 웅비 훈련기도 인도네시아, 튀르키예, 세네갈, 페루에 수출되었다. 다용도 헬리콥터와 공격용 헬리콥터가 동남아시아, 남미 및 아프리카의 고객을 유치하기 위해 마케팅 중이고 KUH-1

수리온 헬리콥터가 수출되고 있다.

K-방산의 역사를 간략하게 짚어보면 이렇다.

1970년대에는 소총과 탄약을 만들었다. 1980년대에는 장갑차와 미사일을 만들었다. 1990년대에는 자주포를 제작하고 전투함을 건조했다. 2000년대에는 수출시장을 키웠다. 전차, 고등훈련기, 기동헬기, 잠수함, 이지스급 구축함 등 대형 무기 체계로 영역을 넓혀가고 있다.

방산은 30년 유지 사업

네 시작은 미약했으나…

앞에서도 언급한 바 있지만 K-방산은 분단국가라는 한국만의 독특한 환경에서 태어났다. 역사적으로 개발독재시대라고 불리는 박정희 정부 때 대통령이 대기업 회장들을 불러다가 "당신 회사는 이 분야를 잘 하니 이것을 생산하시오." 하고 아이템을 할당한 것이 K-방산의 시작이다.

1970년대 초반 정부의 지원으로 중화학공업에 입문하던 기업들로서는 사업의 타당성을 검토해볼 겨를도 없이 떠맡아야 했다. 당시 박정희 정부는 대기업군을 선정해서 기업의 성격에 맞게 중화학공업 아이템을 선정해주었는데 방위산업 선정도 그 연장선상에서 이루어졌다.

이를테면 현대로템은 전차, 기아자동차는 장갑차, 군용 차량, 기아기공은 곡사포, 함포, 삼성항공은 항공기, 현대중공업, 대우조선해양, 한진중공업은 군함, 풍산은 탄약, 포탄, 폭발물, 대우정밀은 보병 총기, LIG넥스원 미사일, 어뢰, 통신장비 등등 아이템이 할당되었는데 그것이 오늘의 K-방산으로 이어지고 있다.

그 후 회사의 인수나 통폐합 등으로 회사명이 바뀐 사례는 있으나 사업의 성격이 바뀐 예는 거의 없다. 이들 업체들이 훗날 '한국형 군산복합체'를 이루고 대오를 짜서 글로벌 플레이어로 역할을 담당하게 된다.

초창기에 이들 기업은 정부로부터 다양한 지원을 받으면서 사업에 진입했으나, 미군에서 구닥다리 무기나 받아쓰던 시절이라 그 구닥다리 무기를 카피해서 복제품을 만들어 내는 수준이었다. 하지만 미국 무기가 너무 비싸서 복제품 생산은 비용 절감에 기여를 하기도 했다.

기업으로서 방위산업 분야는 나름대로 매력이 있는 시장이기도 했다. 구매자가 국방부 단일 창구라서 경쟁자가 거의 없고 생산 납품이 일단 시작되면 매출은 보장된다는 이점이 있어서다. 하지만 정권이 바뀔 때마다 신구 권력의 틈새에서 죽어나는 것이 방위산업 분야이기도 했다. 무기 체계나 방산 지휘체계가 바뀌는 것도 괴로운 일이었으나 무엇보다 힘든 것은 툭하면 터지는 방산 부실, 비리 사건들이었다. 어느 분야나 비리와 스캔들은 있게 마련이지만 기술 부족이나 시간 부족, 예산 부족 등의 이유로 부실한 제품이 나온 것을 방산 비리로 몰아간 사례가 너무 많아서 지난 몇몇 정권 동안 방산기업은 모기업에게 계륵(鷄肋) 같은 존재로 여겨지기도 했다.

국방예산에서 무기개발과 생산에 배정된 돈이 늘 빠듯해서 흑자를 보는 경우는 아주 드물었다. 정부의 눈치가 보여서 적자가 나도 사업을 접을 수도 없고 그렇다고 국방부 외에는 납품할 곳도 없어서 사업을 다각화할 수도 없었다. 당시는 기술 수준이 일천해서 수출은 꿈도 꾸지 못할 시절이었기 때문이다.

일반 국민들은 잘 모르지만 ADD와 방위사업청, 국방부와 각 군 수뇌부와의 갈등과 알력, 그들 사이의 권력 게임에 은근히 시달리는 것도 방위산업체들이다.

현대로템의 경우 K시리즈 전차를 제작, 개량, 정비를 하긴 하지만 주요 지적재산권을 ADD가 갖고 있기 때문에 ADD의 하청업체나 다름없었다. 그런데 무기 제작의 우선순위를 정하는 것은 방위사업청이나 국방부이니 그들 기관이 불협화음을 일으킬 경우 현대로템과 그 하청회사들은 정부의 눈치만 보면서 허송세월을 할 때도 많았다.

예컨대 K-2 전차 생산과 관련된 일화로 얼마 전까지 파워팩(엔진과 변속기) 국산화 문제가 심각했다. K-2 전차의 핵심 부품인 파워팩은 전차의 심장으로 불린다. 그런데 국내 업체가 개발한 엔진이 속을 썩였다. 국산 파워팩 생산이 지연되어 생산을 할 수가 없었다. 결국 파워팩 구성품을 모두 독일에서 수입해 달았다. 그렇게 조립된 K-2 전차 100여 대가 2014년부터 실전 배치됐다.

그 후에도 방위사업청은 줄곧 국산 파워팩을 달기를 주장했으나 국산 파워팩의 개발이 지지부진한 탓에 현대로템은 거의 10년을 기다려야 했다. 또 국내 업체가 개발한 변속기가 여섯 번이나 평가에서 '불합격'을 받는 바람에 그 시간적, 물적 손해는 고스란히 현대로템 측이 껴안아야 했다. 이러한 운용상의 차질은 현대로템 경영진의 잘못은 아니지만 모기업에는 혹 같은 존재로 여겨지는 것은 당연했다. 그렇다고 국방 당국을 향해서 처음 사업에 참여하면서 생산하기로 한 생산량이 몇분의 1로 줄었지만 계약위반이라는 말을 할 수는 없었다.

그렇게 우여곡절을 겪으며 방위산업 분야 업체들은 조금씩 성장해갔다. 다행스러운 것은 우리나라 중화학공업의 수준이 비약적으로 발전하면서 방위산업 장비며 부품들의 질이 현격하게 높아져서 많은 부품들의 국산화가 가능해졌다는 점이다. 작금에 진격하는 K-방산의 성과를 볼 때마다 "네 시작은 미약했으나 네 나중은 창대하리라"는 성경의 한 구절이 떠오른다.

방산은 30년 장기 투자산업

한국이 K-방산을 유지할 수 있었던 것은 60만 대군이라는 탄탄한 내수기반을 갖고 있었기에 가능한 일이었다. 방산 제품도 내수기반이 탄탄하지 않은 경우 수출은 꿈도 꾸지 못한다. 50년 동안 분단이라는 극한 상황에서 실전경험을 하며 K-방산은 성장의 발판을 만들어왔다. 핵폭탄까지 만들어 내는 북한의 점증하는 군사적 위협에 대응하기 위해 방산업체들은 제품의 성능 향상에 진력해왔다.

방산을 흔히 30년 사업이라고 불린다. 통상 무기 체계의 수명은 육군, 해군, 공군을 막론하고 30년이다. 이는 무기를 한 번 구입하면 1~2년 쓰는 게 아니라 30년을 쓴다는 이야기다. 그 주기가 짧지 않다는 것을 의미한다.

얼마 전 임무 수행 중 서해에 추락한 'F-4 팬텀' 전투기는 가장 오랜 기간 운용된 '레전드'급 전투기였다. 나이 든 세대들은 '아니, 아직 F-4 팬텀가 운용되고 있었어!' 하는 반응을 보일 정도로 오래된 것으로 우리 군이 베트남전 참전 뒤인 1968년 도입한 것으로 알려졌다. 우리 공군의 항공정비 기술이 뛰어난 탓도 있겠으나 한 번 구입한 무기는 그 정도도 오래 쓰게 되는 것이다

만약 어느 나라가 K-방산 무기를 구매했다면 그 무기가 용도 폐기되지 않는다면 30년 세월을 함께해야 한다. 거기에 10년마다 부품 교체 및 정비보수를 해줘야 한다. 정비보수와 업그레이드에도 당연히 돈이 들어간다. 말하자면 K-방산 무기를 구매한 국가는 최소한 우리하고 30년 이상은 계속 관계를 맺고 추가 무기를 사고 정비도 받고 해야 한다. 어떻게 보면 판매보다 팔고 나서 있는 애프터서비스 시장이 훨씬 더 큰 경우가 많다.

값싸고 우수한 무기를 개발하는 것이 전부가 아니다. 수출 후 국내 방산기업들이 역량을 갖춰야 할 부문이 정비보수와 업그레이드이다. 무기를 수출한다는 것은 완성된 무기 체계를 수출하는 것만 의미하지는 않는다. 때로는 무기 체계에 들어가는 부품이나 기술, 소프트웨어를 수출하는 것도 가능하다. 심지어는 중고 무기의 수출도 고려해볼 수 있다.

그리고 이 무기 산업은 철저하게 공급자 우선 시장이다. 계약서에 사인을 하기 전까지는 구매자가 갑이겠으나 공급이 진행된 후에는 갑과 을의 입장이 자동적으로 바뀐다. 전차나 자주포를 사가면 이 무기에 들어가는 포탄이나 기타 부품의 판매도 덩달아 늘어나게 마련이다. 무기 체계의 성격상 그 무기에 맞는 부품은 공급

자에게 밖에 없다. 그래서 방산 시장은 수요자 중심이 아니라 공급자 중심 시장이다. 공급자가 필요한 부품을 주지 않으면 그 무기는 쓸모없는 것이 될 공산이 크다. 그래서 방산 업체는 추가 진입이 불가능한 시장이기도 하다.

방산 시장은 각국 정부가 소비자다. 경기침체나 인플레이션 때문에 소비가 줄 것을 걱정하지 않아도 되는 사업이다. 정부 소비자이기 때문에 경기가 침체가 되든 말든 제 갈 길 가는 유일한 사업 중 하나다. 한마디로 무기 체계는 그 상품 특성상 특이한 승자독식 시장이다.

한국방위산업학회장 채우석 회장은 K-방산 발전을 위한 인터뷰에서 이렇게 말하고 있다.

오늘날까지 한국 방위산업은 '내수'에 초점을 맞춰왔습니다. 본격적 수출 시대에는 맞지 않죠. 시대 변화에 맞추어 '파괴적 혁신(Disruptive Innovation)'이 필요한 시기입니다. 정부 역할이 중요합니다. 규제 · 간섭 · 통제 위주 패러다임에서 자율 · 창조 · 혁신으로 대전환해야 합니다. 이제까지는 '패스트 팔로어(Fast follower)' 전략으로 성공했다면 앞으로는 '퍼스트 무버(First Mover)'가 돼야 생존할 수 있습니다. 'K-방산'을 지속가능하게 하는 전제 조건이기도 하고요.(신동아 2022년 11월호)

제3장

새로운
지정학적 국면의 전개

우리는 이 책을 쓰는 동안 러우전쟁이 가지는 지정학적 의미를 진지하게 의논해 보았다. 그리고 이 전쟁을 계기로 K-방산이 동유럽과 북유럽으로 진출하는 교두보를 만든 것은 우리 역사에 어떤 의미를 지닌 것일까도 생각해 보았다.

우리는 전쟁의 원인은 미국 단일패권시대가 저물고 다극화 시대가 열리고 있기 때문이라는 데 의견을 같이했다. 아프가니스탄 철군 이후 세계의 경찰국가를 자임했던 미국이 세계 곳곳에서 발을 빼고 있다. 2008년 금융위기 사태를 거치면서 미국이 주도하던 세계화 물결이 그쳤고 많은 나라들이 자국 우선주의에 몰입하기 시작했다. 트럼프 대통령의 등장으로 미국의 리더십은 '미국 우선주의'에 빠졌고 미국은 신고립주의의 길을 걷고 있다.

중국과 러시아의 밀월시대가 열리면서 새로운 지정학적 국면이 전개되고 있다. 미국이 중동에서 눈길을 돌리고 있는 사이에 전통적 친미우방인 사우디아라비아가 미국에게 등을 돌렸고, 나토국가인 튀르키예는 러시아와 등거리 외교를 벌이며 자국 이익 추구에 여념이 없다.

러우전쟁이 장기화 되면서 세계는 또 다른 지정학적 변동의 시대를 맞고 있다. 폴란드가 한국 무기를 대량 구매하는 잭팟을 터트린 이후, 한국 무기는 동유럽과 북유럽을 K-방산의 교두보로 삼고 모든 아시안, 중동, 북미, 남미, 호주 대륙으로 뻗어나가고 있다. 우리는 K-방산이 세계4대 방산을 향해 우뚝 서기를 바란다. 무엇보다도 중요한 것은 러우전쟁이 빨리 종식되어야 한다는 것이었으나 이 책을 마무리하는 지금까지 전쟁은 이어지고 있다.

러우전쟁이 만든 새로운 지정학적 국면

러우전쟁의 지정학

흔히 러시아의 우크라이나 침공은 푸틴 개인의 독단과 야욕 때문이라고 한다. 푸틴을 히틀러나 후세인에 비유하기도 한다. 과연 그럴까?

정치학자, 군사 전문가들 사이에선 예견되고 있었던 침공이었다. 그들이 보기에 푸틴의 진쟁은 명분 없는 전쟁이 아니다. 러시아는 우크라이나 침공이 일어나기 전인 2021년 연말부터 국경지대에 병력을 증강하고 있었는데 그때 러시아군은 19만 명에 이르렀다. 그것을 무시한 것은 서방 국가들이다.

무엇이 러시아로 하여금 우크라이나 침공에 이르게 한 것일까? 유럽에 전운을 드리우고 있는 우크라이나 위기가 발생한 '핵심 원인'은 무엇일까?

그것은 바로 나토의 동진 때문이다. 1990년 냉전 해체 시기에 미국과 서방 국가들은 "나토는 동진 않는다"는 약속을 했으나 지켜지지 않았다. 소비에트 연방의 해체 이후, 품 안에 있던 15개국이 독립을 했고, 러시아는 강대국의 반열에서 물러나야 했다. 거기에다 러시아는 바르샤바 조약기구 옛 회원국인 체코·헝가리·슬로바키아·폴란드와 발트해 3개국인 라트비아·에스토니아·리투아니아의 나토 가입을 막지 못했다. 나토 가맹국이 늘어날 때마다 러시아는 강력히 반대했지만, 나토 가맹국은 유럽연합(EU) 가맹국 숫자와 함께 꾸준히 늘어났다.

러시아는 세계에서 가장 넓은 영토를 지녔고, 러시아의 영원한 '차르' 표토르 대제가 뿌린 강한 러시아의 열망 덕분에 제국의 로망을 지닌 나라다. 게다가 많은 러시아인들은 미국과 서방 국가들의 계략으로 소비에트연방이 무너졌으며, 그래서 자신들의 옛 영토를 잃은 것이라고 믿고 있다. 2014년 크림반도 강제 병합 당시 푸틴 대통령이 80%가 넘는 절대적 지지율을 얻었던 이유도 이러한 러시아인들의 인식을 기반으로 한다.

2009년 우크라이나가 나토 가맹을 신청을 했을 때, 나토의 계속되는 동진은 러시아와의 완충지대를 없애고 양자 간 군사적 충돌을 초래할 것이란 우려의 목소리가 높았다. 결국 우크라이나의 나토 가입은 이루어지지 않았으나 새로운 차르 푸틴을 화나게 만들었다.

2021년 12월 23일, 푸틴은 연말 기자회견에서 "그들이 우리를 속였다. 단호하고, 뻔뻔하게 나토가 확장되고 있다"고 말함으로써 우크라이나 침공을 예시했다.

제국 러시아에 대한 향수를 지니고 있는 러시아인들은 강한 러시아를 원했고 푸틴에게서 새로운 '차르'의 모습을 발견했다. 러시아가 체첸 반군을 제압하지 못하고 죽을 쑤고 있을 때 젊은 총리 푸틴이 전투기를 몰고 나타나 체첸 반군을 제압하는 영상에 러시아 국민들은 환호했다. 지지율이 2%에 지나지 않던 푸틴은 자유선거를 통해 대통령에 당선되었다. 제국의 부활을 꿈꾸기 시작한 푸틴이 내세운 깃발은 범유라시아연합 구상이었고 러시아 중심의 유라시아주의였다.

그 후 20년간 푸틴은 차르로서 러시아를 지배하는 제왕적 대통령이었다. 그는 각종 부정 선거 논란에도 불구하고 수많은 정적을 잔인하게 제거하고 주변 여러 나라를 가혹하게 탄압했다. 밖에서는 그를 두고 독재자라고 부르지만 우크라이나 침공 이후에도 러시아인들은 전폭적인 지지를 보내고 있다. 바이든 미국 대통령은 "푸틴을 전범재판에 회부해야 한다"고 목소리를 높이고 있으나 러시아 국내에서 푸틴의 지지율은 80%대를 넘고 있다.

이쯤 되면 러시아의 우크라이나 침공을 푸틴 개인의 폭거라고만 할 수 없을 것 같다.

앞에서도 잠시 살펴보았지만 냉전 체제 해체 이후 30년간 유지되었던 미국 단일 패권체제가 무너지고 세계는 다각화 체제를 맞이하고 있다. 미국이 국방비를 대폭 축소하고 세계 경찰국가의 역할을 축소하자 중국과 러시아가 손을 맞잡고 미국의 힘의 공백을 메우고 들어오기 시작했다. 중국과 러시아는 상하이협력기구를 통해서 반미 결속을 다져나가고 있는지 이미 오래되었다. 거듭 말하거니와 미국 단일 패권 시대가 종언을 고하고 세계는 새로운 힘의 균형을 찾아 다극화의 길을 모색하고 있음이 분명하다.

문제는, 고전하고 있는 러시아다

그런데 문제는 러우전쟁이 장기화됨에 따라 상황이 푸틴의 계획대로 풀려나가지 않고 있다는 데 있다.

2022년 2월 22일 새벽, 러시아가 20만 명의 대군을 동원해 우크라이나를 전면 침공했을 때 군사 전문가들조차 우크라이나군이 3일 내지 일주일이면 무너질 것이라 내다봤다. 미국의 싱크탱크 국제전략연구소(CSIS)는 러시아군이 우크라이나군을 압도하고 몇 시간 안에 우크라이나 수도 키이우를 점령할 것으로 전망했다. 미군 합참의장 마크 밀리도 미국 의회 비공개회의에서 키이우가 72시간 이내에 함락될 수 있다는 보고를 했다. 물론 러시아 당국도 그렇게 믿고 침공을 감행했으리라.

러시아의 우크라이나 침공이 개시되자, 미국은 볼로디미르 젤렌스키 우크라이나 대통령의 망명을 촉구했다. 하지만 젤렌스키는 목숨이 위태로운 상황에서도 우크라이나를 떠나지 않았고 1년이 넘도록 항전하고 있다. 코미디언 대통령이라고 우습게 보았으나 그는 국민의 구심점이 되어서 영웅적 리더십을 발휘하고 있다.

반면 세계 2위의 군사 대국 러시아는 예상과 달리 우크라이나를 압도하지 못했다. 압도하기는커녕 고전을 면치 못하고 있다. 원인이 무엇일까?

그것은 전쟁의 양상이 전혀 새롭게 바뀌고 있다는 데 있다.

전쟁 초기, 미사일과 공습이 수도 키이우를 포함한 우크라이나 전역을 강타했고, 여러 전선을 따라 대규모 지상 침공이 이어졌다. 러시아는 대규모 포병을 동원해 하루 7만 발 이상 포탄을 쏟아부으며 우크라이나를 밀어붙였다. 침공 첫 주에 백만 명이 넘는 난민이 우크라이나를 탈출했다. 하지만 전문가들 예상과 전혀 달리 러시아군 기동부대의 진격은 곳곳에서 막혔다. 러시아의 탱크, 장갑차, 군용트럭이 60km 행렬을 지어서 하이웨이로 쭉 밀고 들어오는데 러시아가 상상도 못한 탱크 킬러가 나타났다. 바로 튀르키예의 무장 드론 바이락타르(Bayraktar)였다. 이 드론이 러시아의 장갑차와 탱크의 진격을 늦추고 저지한 일등 공신이다. 바이락타르의 활약으로 러시아군은 장갑차와 탱크가 파괴되었고 곳곳에서 보급선이 끊어졌다. 시간을 번 우크라이나군은 정규전이 아닌 게릴라전으로 러시아군과 맞섰다.

러시아군의 전차와 장갑차는 우크라이나군의 매복조가 쏘아대는 재블린 대전차미사일에 격파되었다. 러시아군은 개전 사흘 만에 재블린 공격으로 100대 이상의 전차를 잃었다. 러시아군이 죽을 쑤고 있는 사이에 우크라이나군 장병들은 마치 경쟁이라도 하듯 러시아군 전차와 장갑차량을 격파하는 '인증샷'을 찍어 SNS에 올렸다.

러우전쟁은 과거와는 전혀 다른 전쟁의 양상을 보이고 있다. 우크라이나군은 여러 가지 민간의 기술을 동원해서 스마트하게 전쟁을 치르는 바람에 러시아군은 맥을 못추었다.

거기에 미국이 제공한 12문의 다연장로켓 하이마스(HIMARS) 또한 전쟁의 양상을 완전히 바꿔놓았다. 우크라이나는 하이마스로 러시아군의 전방 추진 탄약고와 지휘소를 잇달아 정밀 타격했

했다. 한 달만에 러시아 지휘부와 후방 보급시설 200여 곳을 파괴하는 전과를 올린 덕분에 러시아군 포병 전력은 서서히 마비되어 러시아군의 포격이 10배나 감소했다.

하지만 1년 이상 끌고 있는 러우전쟁은 사상자만 쌍방간에 10만 명이 넘는 것으로 알려져 있다.

새로운 전쟁의 양상을 연출한 스타링크

그런데 러우전쟁의 양상을 완전히 바꾼 숨은 인물이 있다. 러시아는 우크라이나를 침공하면서 통신 인프라부터 파괴했다. 미하일로 페도로프 우크라이나 부총리 겸 디지털혁신부 장관은 전쟁 발발 이틀 후인 2월 26일 누군가에게 트윗을 보냈다.

"당신은 화성을 식민지화하려는 반면 러시아는 우크라이나를 식민지로 만들려 하고 있다. 당신의 로켓은 우주에서 성공적으로 내려앉지만 러시아 로켓은 우크라이나 민간인을 공격하고 있다. 우크라이나에 스타링크(Starlink)를 제공해 달라."

여기서 당신이라 불린 사람은 괴짜이며 천재 사업가로 알려진 일론 머스크다. 그는 10시간 만에 서비스 시작을 알리는 답을 보냈다.

"스타링크 서비스는 지금 우크라이나에서 작동하고 있다. 더 많은 서비스가 지원될 것이다."

동시에 머스크는 약 2만 세트의 위성인터넷용 안테나와 수신기를 우크라이나로 보냈다. 스페이스X의 위성인터넷 '스타링크' 서비스가 시작되자 러시아군이 파괴한 인터넷 서비스와 휴대전화 통신망이 살아났다.

초고속 우주 인터넷 시대를 활용한 그야말로 러시아는 생각도 못했던 복병이 나타난 것이다. 일론 머스크의 스페이스 엑스가 지구 저궤도에 띄워 올린 수천 개의 소형 위성 시스템 스타링크가 우크라이나 전세를 뒤집는데 중요한 역할을 했다. 스타링크는 우크라이나군에 강력한 야전 통신망을 제공하여 우크라이나군이 놀라운 선전을 벌이도록 만들어 주었다.

이때부터 우크라이나군은 날개를 달았다.

우크라이나에는 드론 특수부대가 있다. 이 부대는 원래 군부대가 아니고 민간의 동호회였는데 2014년 러시아가 돈바스 지역을 침공했을 때 우크라이나 정부군을 돕다가 우크라이나군에 편입된 최고 기밀 부대이다. 이 부대가 '스타링크' 서비스를 활용해서 러시아군을 상대로 본격적인 드론전쟁을 벌여나갔다.

그들이 날리는 사제 드론에는 60만 원짜리 폭탄 두 개가 장착되어 있는데 그 폭탄이 러시아 탱크에 명중하자 45억짜리 최신 T-90 러시아제 전차가 파괴되고 만다. 이 동영상이 전 세계로 퍼져나가자 많은 세계인이 놀랐고 환호했다.

이처럼 러우전쟁은 전쟁 패러다임의 변화를 말해 준다. 단언컨대 이 전쟁은 디지털 시대의 새로운 전쟁의 모습을 보여준 첫 번째 전쟁이다.

우크라이나군은 "스타링크는 우리의 산소"라고 불렀는데 그야말로 우크라이나를 위한 '신의 한 수'였고 일종의 우크라이나의 구원자 역할을 한 것이었다. 러우전쟁의 전세를 뒤집은 일론 머스크는 러우전쟁의 숨은 영웅이 되었다.

이제 전쟁의 판도는 바뀌었다. 미사일보다는 안테나가 먼저 제공이 되었고, 인터넷이 러시아의 전차군단을 괴멸시켰다. 분명히 군인은 한 명도 안 들어갔는데 기업이 직접 참전해서 전쟁 양상을 바꿔버렸다. 군대보다는 빅테크 기업들이 들어와서 전쟁의 양상을 바꾸어 버렸다. 이번 전쟁의 양상은 군대보다 기업인이 먼저 참전을 한 전쟁으로 기록될 것이다.

앞으로의 현대 전쟁에서는 이런 예측하지 못했던 전쟁의 양상이 계속 전개될 것이다. 역사에 러우전쟁은 최초의 미래전쟁이라 기록될 것이다.

K-방산 잭팟 터트린 폴란드

K-방산의 새로운 역사를 쓰다

2022년은 K-방산의 역사를 새로 쓴 기념비적인 해로 기록될 것이다.

폴란드가 K-방산 잭팟을 터트려 준 덕분이다.

2022년 7월 27일, 한국과 폴란드는 K-2 흑표 980대, K-9 자주곡사포 및 파생형 모델을 포함한 672문, FA-50 48대 규모의 무기 구매에 대한 기본 협정을 맺었다. 폴란드와 맺은 거래 금액은 20조 원에 달하는 초대형 계약이다. 2022년 기준, 한국의 국방비가 54조 원 정도였는데 이 방산 계약 1건의 총금액이 대한민국 국방비의 35%를 넘는다.

그래서 CNN 등 외국 언론은 놀라움을 감추지 못하면서 "폴란드, 호주와의 무기 계약으로 한국의 'K-방산'은 이미 '방산 메이저리그'에 진입했다"고 진단했다.

CNN은 한국산 무기의 경쟁력으로 '가성비'에서 뛰어나면서도 미국 무기보다 성능이 크게 뒤지지 않는다는 점에서 매우 강력한 대안이라고 한국 방산 수출의 경쟁력을 높이 평가하기도 했다. 각국이 한국산 무기를 도입하면 국방 예산을 효율적으로 활용할 수 있다는 것이다.

폴란드가 이렇게 엄청난 규모로 K-방산 무기를 발주한 이유는 우크라이나군에게 소련제 무기를 공여한 이후부터 생긴 전력 공백을 메우기 위해서다. 폴란드는 서방 무기 체계로의 전환을 꾀하는 가운데 현재 폴란드가 원하는 수준의 무기를 원하는 기간 내에 원하는 만큼 조달할 수 있는 나라는 대한민국이 유일한 나라였다.

처음에 폴란드는 독일을 대안으로 생각했었다. 하지만 최근에 독일로부터 전차, 장갑차를 구매한 나라는 대부분 납기 지연을 겪는다. 독일제 기갑차량은 초도 물량 인수에 4~5년, 계약 물량 완납까지 7~10년 이상이 걸린다. 글로벌 공급망 교란이 심해진 지금은 납기가 얼마나 더 지연될지 모를 일이다.

독일은 무기제조 능력에서는 탑 클라스에 속하지만 냉전체제 해체 이후 재래식 무기의 수요가 거의 없는 탓에 무기제작 회사들이 개점휴업 상태에 들어가 있는 것이 현실이다. 독일이 전차며 장갑차를 생산하려면 다시 기술자들을 불러 모으고 기계설비를 재가동해야 하는 상황이다. 게다가 전문기술자들은 연로하거나, 경험이 없는 사람들이라서 언제 본격적인 생산에 들어갈지 현재로서는 요원하다 하겠다.

폴란드 정부는 사실상 유일한 대안으로 한국을 선택했다. 기술과 가격, 납기 등을 고려했을 때 한국의 무기 체계가 가장 적합했다. 사실 나토 표준화를 노리는 폴란드를 비롯한 동유럽 국가들이 한정된 예산으로 우수한 군사 장비를 획득하려면 사실상 유일한 대안은 'K-방산'이다. 더구나 한국은 방위산업 완제품 수출에 더해 기술이전, 현지화, 유지보수 서비스를 제공하기에 구미에 딱

맞았다.

더구나 한국은 폴란드와 무기 수출 계약을 맺은 지 불과 3개월 만에, 국산 K-9 자주포와 K2 전차 수십 대가 폴란드 현지에 도착시킴으로써 빠른 공급원으로 성과를 올리고 있다. 이것이 K-방산이 비용 효율성과 빠른 납기, 포괄적인 운용과 사후 관리로 세계 시장에서 좋은 평가를 받는 이유가 되고 있다.

채우석 한국방위산업학회장은 앞으로 K-방산이 더욱 성장하기 위한 방안을 이렇게 제안하고 있다.

"무기 · 장비만 수출할 것이 아니라 교육훈련, 정비, 후속 군수 지원 등을 '패키지'화해서 부가가치를 높여야 합니다. 수입국의 형편에 맞춰 '케이스 바이 케이스(case by case)'로 접근하는 것도 필요합니다. 현지 생산 공장을 건설한다든지, 필요할 경우 차관 공여, 장기 융자 제공 등 금융 지원도 고려해야 합니다. 무기 수출을 매개로 수입국이 한국 시스템에 익숙해지도록 해야 합니다. 전면적 · 지속적 군사협력이 필요하죠."

명품 무기로 거듭나는 K-방산

이처럼 K-방산이 글로벌 무대에서 신흥 강자로 떠오른 데는 '한국형 명품 무기 제작 프로세스' 덕분이다. 그 시작은 박정희 시대에서부터 비롯되었다.

한국의 방위산업은 1970년대 박정희 정권이 미국을 비롯한 선진국으로부터 전수받은 기술 노하우에 크게 의존하여 기초 무기 제조의 국산화를 추진한 것으로 거슬러 올라갈 수 있다.

한국의 방위산업은 수출을 염두에 둔 것이 아니라 비무장지대에서 북한을 상대로 고강도 작전을 수행해야 하는 국가적 필요에 부응하기 위한 전략과 고육지책의 일환이었다.

말할 것도 없이 분단국가로서 겪을 수밖에 없는 애환이자 역경이었다. K-방산은 1970년대 미국 원조에 의존해 군사 시스템과 무기 체계를 구축했지만 한국의 국방과 기술은 이미 명품 무기 체계를 향해 달리고 있었다. 명품 무기는 신기술을 투입해 새로 개발된 무기가 아니라 C-130, AIM-9 사이드와인더, M16 소총 등 오랜 시간의 사용을 통해 신뢰성과 성능이 검증된 무기가 명품 무기이다.

K-방산은 민간 산업과 국가가 통제하는 토종 무기 생산 시스템을 체계적으로 통합하여 민간 기술을 향상시키고 고도로 숙련된 노동력을 개발하며 민간 부문의 성장과 수출을 촉진해 나갔다.

그런데 세상에는 어둠이 깊으면 그게 끝이 아니라 빛도 덩달아 온다는 이치가 있다. 인생만사 새옹지마(塞翁之馬)니 전화위복(轉禍爲福)이니 하는 사자성어가 이를 대변한다.

2014년 러시아의 크림반도 합병으로 유럽 국가들은 긴장하기 시작했고 군사력 증강을 모색하면서 무기 수요가 증가하기 시작하자 한국의 방위산업은 외부 요인으로부터 탄력을 받기 시작했다.

앞에서도 살펴보았지만 한국은 정권이 바뀔 때마다 방위산업에 대한 정책이 오락가락했다. 하지만 민주화에 성공하고 5년 단임제 정권 제도가 정착하면서 국민의 의식 수준, 즉 민도(民度)가 세계최고의 수준에 올라서 차츰 방산 비리나 구설수가 사라져갔다.

동시에 세계 10위 안으로 진입한 경제력 그리고 세계 최고 수준의 제조업 능력이 인정받기에 이르러 K-방산은 세계적 수준으로 주목받기 시작했다.

K-방산은 경쟁력있는 가격, 우수한 품질의 제품, 기술이전을 통한 현지 생산 계약을 통해 나토 회원국에 무기를 판매하는 유일한 아시아 국가가 되었다.

주요 판매 제품으로는 한화디펜스에서 제조한 K-9 썬더 자주포, 현대로템에서 제조한 K-2 전차, 한국항공우주산업에서 제조한 FA-50 경공격기, LIG넥스원에서 제조한 천궁-II 미사일 방어 체계가 있다. 천궁-II 미사일은 미국의 하이마스에 필적한 내구력과 화력, 그리고 정확한 타격 능력을 발휘하면서도 가격은 절반 수준도 아니된다는 엄청난 장점을 지니고 있다.

이처럼 K-방산이 역대급 무기 체계를 갖출 수 있었던 것은 70

년이 넘는 세계 유일 분단국가로서의 약점을 잘 활용한 데 이유가 있을 것이다.

다음 네가지로 K-방산이 명품무기로 거듭난 까닭을 설명할 수 있을 것 같다.

정부 투자: 한국 정부는 우여곡절이 많았으나 박정희 정부 이후 방위 산업에 상당한 투자를 해왔으며, 연구 개발과 주요 방위 기술 생산을 위한 자금을 제공했다.

기술 전문성: 한국은 산업화에 성공해서 세계 최고 수준의 제조업 국가가 됨으로서 고도로 숙련된 인력을 보유하고 있으며 기술 혁신에 중점을 두어 첨단 방위 기술과 제조 공정을 개발할 수 있었다.

전략적 파트너십: 한국은 분단국가로서의 위치를 잘 활용해서 미국 등 방위 산업 분야의 다른 국가들과 전략적 파트너십을 맺어 시장 범위와 역량을 확장하는 데 도움이 되었다.

강력한 내수 수요: 한국은 세계 유일의 분단국가이고 항상 불장난을 일삼는 북한이라는 강력한 군사 집단을 상대해야 하기 때문에 방산 제품에 대한 강력한 국내 수요를 보유하고 있다. 이는 방위 산업에 안정적인 시장을 제공하고 시간이 지남에 따라 제조 공정을 개발하고 그것을 명품 무기로까지 개선할 수 있게 되었다.

도전받는 러시아 무기 체계를 어떻게 판단해야 하나?

잘 알려져 있다시피 러시아는 세계 2위의 군사력을 지니고 있는 세계 2위 무기 수출국이다. 그런데 러우전쟁에서 보여준 러시아군의 지리멸렬함은 과연 러시아가 세계 2위의 군사 대국인가를 의심하게 만들었다. 체급에서는 경쟁상대로 되지 않는 우크라이나와의 전쟁을 1년이 넘도록 질질 끌면서 체면을 구기고 있다. 러우전쟁 이후에도 그런 지위를 누릴 수 있을까? 특히 낙후된 러시아의 무기 체계는 이미 시련의 시험대 위에 놓여 있다.

러시아가 자랑하는 헬기는 우크라이나군이 쏜 일반 기관총에 맞아 추락했다. 러시아는 우크라이나를 침공하면서 전투기, 순항미사일, 탱크, 헬리콥터, 포병 시스템 및 드론을 포함한 다양한 무기를 배치했다. 이러한 무기 중 일부는 러시아에서 가장 진보되고 정교한 군사 기술 중 하나로 간주된다.

그러나 우크라이나는 러시아 항공우주군(VKS)의 엘리트 군부대가 조종하는 Ka-52 공격 헬리콥터를 포함하여 여러 대의 러시아 헬리콥터를 격추시켰다. Ka-52는 모든 기상 조건과 하루 중 언제라도 장갑 및 비무장 표적을 파괴하도록 설계된 러시아의 최신예 공격용 헬리콥터다. 러시아 카모프사가 만든 Ka-52 엘리게이터는 다른 공격헬기들과 달리 특별한 회전익 방식과 외형을 자랑한다. 공격헬기란 대전차 미사일과 로켓, 그리고 기관포를 탑재하고 적의 핵심표적 공격을 목적으로 운용되는 특수한 헬기이다.

저속 공중 표적과 군인을 포함한 장갑 및 비무장 표적을 파괴하도록 설계되었고, 공격 헬리콥터 그룹의 감시 플랫폼 및 공중 지휘소로 사용되기도 하는 기종이다.

Ka-52는 러시아 항공우주군(VKS)의 정예 군부대가 운용하고 있다. VKS는 Ka-52를 비롯해서 Mi-28, Mi-24, Mi-8을 포함한 여러 유형의 헬리콥터를 우크라이나에 배치했다.

이처럼 Ka-52는 러시아에서 가장 진보된 공격용 헬리콥터로 간주되지만 우크라이나와의 전쟁 이후 23대의 Ka-52 헬리콥터가 격추되었다.

러시아군의 또 다른 헬기 Mi-28이 우크라이나군이 쏜 휴대용 대공미사일에 맞아 격추되는 순간을 포착한 58초짜리 영상이 SNS에 공개됨으로써 러시아 무기 체계가 의외로 허점이 많다는 것이 드러났다.

전문가들의 분석에 따르면 Ka-52는 러시아에서 가장 진보된 공격용 헬리콥터로 간주되지만 수년 동안 여러 가지 기술적 문제와 사고를 일으킨 것으로 밝혀졌다. 2018년에는 모스크바 인근에서 훈련 비행 중 두 대의 Ka-52가 충돌하여 조종사 두 명이 모두 사망했고, 2019년에는 인도네시아에서 열린 에어쇼에서 비행 시연 중 Ka-52가 추락했다. 또 2020년에는 시리아에서 전투 임무 수행 중 기술적 결함으로 인해 Ka-52가 추락했다.

러우전쟁이 진행되는 동안 러시아 군대가 구식 장비와 기술에 의존한다는 비판에 직면한 것은 사실이다. 현재 진행 중인 러우전쟁은 러시아군이 우크라이나군에 효과적으로 대응하는 데 어려움을 겪으면서 이러한 약점을 부각시켰다.

러우전쟁에서 보여준 러시아 군대의 혼란된 모습과 Ka-52 헬리콥터 추락과 같은 사건은 러시아산 무기의 품질과 신뢰성에 대한 우려를 불러일으켰다.

낙후된 러시아의 무기 체계는 이미 시련의 시험대 위에 놓여 있다. 웹 검색 결과에 따르면 러시아의 무기 수출은 서방의 제재, 수출 통제 및 다른 국가와의 경쟁으로 인해 2014년부터 감소하고 있던 중이다.

우크라이나 침공으로 상황이 악화되어 더욱 엄격한 제재와 금수 조치가 취해졌다. 특히 경제제제 이후 러시아는 반도체가 없어서 가정용 냉장고 같은 가전제품에서 반도체를 꺼내다 무기에 장착하는 희화화된 장면을 연출함으로써 러시아제 무기를 구입하려던 국가들은 결정을 망설이지 않을 수 없게 되었다. 경제 제재와 반도체에 대한 제한된 접근은 러시아의 경쟁력 있는 첨단 군사 장비 생산 능력을 더욱 저하시킬 것이다.

이미 베트남, 말레이시아 등 러시아의 주요 고객인 동남아시아 국가들은 러시아 무기 구매를 줄이고 다른 공급업체로부터 대안을 모색하고 있다. 시스템의 잠재적 불안정성이나 교체 부품 확보의 어려움으로 인해 러시아산 무기 구매를 주저하는 국가가 늘어나면 세계 2위 무기 수출국으로서의 러시아의 지위가 위협받게 될 것이다.

러우전쟁 이후 '최대의 승자는 k-방산'

　반면 K-방산은 러우전쟁을 계기로 연이은 '수주 잭팟'을 터트림으로써 "한국이 최대 승자"로 떠올랐다. K-방산 제품의 높은 가성비가 부각된 덕분이다. 주요 방산업체가 제출한 사업보고서에 따르면 한화에어로스페이스, 한국항공우주산업(KAI), LIG넥스원, 대우조선해양, 현대로템 등 5개사의 방산 수주 잔액은 2022년 100조 4,834억원으로 집계됐다. 러우전쟁 이후 유럽 지역을 중심으로 급증한 무기 수요를 빨아들인 결과다.

　K-방산업체들 사이에는 'K-방산 잭팟' 계속 터질 것이란 기대가 확산하고 있다. 러우전쟁 장기화로 국제 정세가 불안해지면서 유럽뿐만 아니라 세계 각국이 앞다퉈 방위비 지출을 늘리고 있기 때문이다.

　K-방산업체들은 세계 시장에서 가격과 품질, 납기 등 여러 가지 면에서 강점이 있다는 평가를 받는다. 실제로 KAI는 2023년 2월 말레이시아 국방부와 FA-50 18대 수출계약을 체결했다. 폴란드로부터 124억 달러 규모의 초대형 계약을 따낸 지 5개월 만에 이룬 성과다. 현대로템은 최근 폴란드에 K-2 전차 5대를 예정보다 3개월 앞당겨 납품함으로써 주목을 받았다.

　폴란드 외에도 헝가리, 불가리아 등 동유럽을 중심으로 국방비 증액, 무기 체계 현대화 등의 움직임이 가속화하면서 K-방산업체들의 수출 영토는 더 넓어지는 추세다. 동남아에서도 과거 최대 무기 공급원이었던 러시아산 무기가 급감하면서 K-방산이 대안으로 급부상하는 분위기다.

영국 《이코노미스트》는 "우크라이나 전쟁을 기점으로 러시아산 무기의 성능이 좋지 않다는 게 입증됐고, 이에 따라 한국이 최대 승자가 됐다"고 평가했다. 중국이 러시아를 대체하려는 움직임이 있었지만 동남아에서 중국의 무기 판매액은 5년 전에 비해 40%(2021년 기준) 줄었다.

이러한 흐름에 따라 K-방산업체들은 발 빠르게 대처하고 있다. 무기 수요가 많은 유럽·중동 지역으로의 직접 진출도 활발해지는 추세다. 한국판 록히드마틴을 자처하는 한화그룹은 폴란드 바르샤바에 한화에어로스페이스 지사를 설립했고, 한화시스템은 아랍에미리트(UAE) 아부다비에 해외 지사를 열었다.

K-방산의 위상이 올라가면서 일부 지역에선 전통적 군사 강국인 독일과의 맞대결 구도도 형성되고 있다. 최기일 상지대 군사학과 교수는 "K방산의 경쟁력은 충분히 입증됐다. 방산업체 대형화를 통해 한국판 록히드마틴이 등장해야 한다"고 말했다.

육·해·공 K-방산기업들

그럼 이제부터 K-방산업체들의 면면을 구체적으로 살펴보기로 하자.

한국의 방위산업은 처음에는 분단국가로 대치하고 있는 자국 군대의 요구를 충족시키기 위해 외국 무기의 사본을 생산하거나 라이센스 생산 변형을 생산했다. 연구 개발과 외국 무기 제조에서 얻은 경험을 통해 한국은 자체 기본 무기와 나중에 더 진보되고 정교한 시스템을 생산할 수 있는 능력을 개발했다.

K-방산의 시작은 방위산업을 태동시킨 박정희 정부 때 재벌들에게 떠맡긴 방향에 의해서 상당 부분 진척되어 왔음은 주지의 사실이다. K-방산을 대표하는 기업들은 현대, 한화, 대우, 두산 등 재벌 기업에 그 연원을 두고 있다.

앞에서도 살펴보았지만 K-방산의 시작은 1960~1970년대 박정희 정부 시기에 방위산업의 필요성과 국방력 강화를 위해 노력한 결과다. 이때 국방산업 발전을 위해 재벌들에게 대규모 투자를 유도하였고, 그 결과 현대, 한화, 두산 등의 대표적인 기업들이 K-방산 분야에서 선도적인 입지를 확립하게 되었다.

특히, 현대와 한화는 K-방산 분야에서 글로벌 시장에서 대규모 수출을 이끌어내며, 국방산업 분야에서 대표적인 기업으로 자리 잡았다. 또한, 두산은 K-방산 분야에서 건설기계와 같은 다양한 제품군을 보유하고 있어, 국내 시장에서 큰 영향력을 가지고 있다. 그러나 최근에는 한국 정부가 국방산업의 다각화와 중소기업의 진출을 적극적으로 추진하고 있어, 이전과는 다른 형태의 K-방산 생태계가 형성되고 있다. 이에 따라, 대기업뿐만 아니라 중소기업들도 K-방산 분야에서 더욱 더 활약할 수 있는 기회가 열리고 있다.

스웨덴에 있는 『스톡홀름 국제평화문제연구소(The Stockholm International Peace Research Institute: SIPRI)』는 2020년도 세계 100대 방위산업체를 분석하고 추세를 평가한 『2020년 기준으로 세계 100대 방위산업체 현황(The SIPRI Top 100 Arms-Producing and Miliary Services Companies, 2020)』보고서를 공개했다. SIPRI는 1966년에 설립된 비영리 민간연구소이며, 미국 국제전략문제연구소(CSIS), 영국 국제전략문제연구소(IISS)와 함께 세계 3대 민간연구소 중 하나로 알려져 있다.

이 연구소의 2020년 보고서에 따르면 상위 100대 목록, 한국의 방위 회사 중 4개가 세계 100대 방위 회사에 선정되었다. 한화디펜스(32위), 한국항공우주산업(55위), LIG넥스원(68위), 현대로템(95위)이 그 주인공이다.

1. K-방산 상위 4대 기업

* 현대로템

현대로템은 한국의 주요 방위산업체이자 한국 최대 대기업 중 하나인 현대자동차그룹의 자회사다. 이 회사는 탱크, 장갑차, 자주포 등 군용 차량을 전문으로 생산한다.

현대로템은 군용 차량뿐만 아니라 무기 시스템, 전자 시스템, 철도 차량과 같은 기타 방산 관련 제품 생산에 주력하는 한국의 선도적인 K-방산업체다. 현대로템의 제품은 한국군은 물론 미국, 튀르키예, 폴란드 등 전 세계 여러 나라에서 사용되고 있다. 현대로템은 품질과 신뢰성으로 높은 명성을 얻고 있으며, 글로벌 방위 산업의 변화하는 요구사항을 충족하기 위해 제품군과 역량을 지속적으로 확장하고 있다.

주요 제품은 다음과 같다.

K-2 흑표전차(Black Panther) : ADD가 설계하고 현대로템이 제조한 대한민국 주력 전차다. 1990년대에 개발이 시작되어 2014년부터 대한민국 육군에 배치된 3세대 전차로서 세계에서 가장 진보된 전차 중 하나로 간주되는 주력 전차다. 첨단 장갑, 모듈식 장갑 시스템이 특징이다. K-2는 높은 수준의 자동화를 갖추고 있으며 인상적인 기동성과 화력을 자랑한다. 첨단 사격 통제 시스템, 능동 보호 시스템, 강력한 120mm 평활포가 장착되어 있다.

이 전차는 대전차 유도 미사일(ATGM)과 기타 위협으로부터 전차를 방어하기 위해 소프트 킬 능동 보호 시스템을 채택하고 있다.

1,500마력(1,119kW) MTU 디젤 엔진(현지에서 개발한 엔진도 사용 중)으로 구동되며 최고 속도는 약 70km/h(43마일)이고 항속 거리는 약 450km(280마일)이다.

K-2 흑표전차에는 전장 관리 시스템(BMS), 열화상 및 레이저 거리 측정기가 장착된 사격 통제 시스템(FCS), 서스펜션 제어 시스템 등 첨단 전자장비가 탑재되어 있다. 이 전차는 강력한 통신 시스템을 갖추고 있어 전장에서 전차와 다른 군사 자산 간의 안전한 통신이 가능하다.

K-2 흑표전차는 화력, 방호력, 기동성, 첨단 전자장비의 조합으로 세계에서 가장 강력한 주력 전차 중 하나다. 이는 한반도에서 강력한 방위 태세를 유지하기 위해 최첨단 군사 기술을 개발하려는 대한민국의 의지를 반영한다.

K-21 IFV(보병전투장갑차) : K-21 보병전투장갑차(IFV)는 보병 병력을 수송하고 전투 작전 중 화력 지원을 제공하도록 설계된 최신형 장갑차다. 최대 9명의 병사를 수송하고 40mm 주포와 대전차 미사일 발사기로 화력 지원을 제공할 수 있는 보병 전투 차량이다. 또한 수륙양용 기능을 갖추고 있으며 최대 7km/h의 속도로 수중 장애물을 통과할 수 있다. K-21에는 40mm 자동포, 7.62mm 기관총, 대전차 유도 미사일이 장착되어 있다.

KW1 스콜피온 : 대한민국 육군이 사용하는 6x6 차륜형 장갑차 (Armored Personnel Carrier, APC)다. 병력 수송, 정찰 및 지휘 통제 임무 등 다양한 임무를 수행하기 위해 개발되었다. 기관총과 유탄 발사기 등 다양한 무기로 무장할 수 있다.

이 차량은 최고 속도가 100km/h 이상이며, 난해한 지형에서도 원활한 주행을 보장하기 위해 고성능 엔진과 6륜 구동 시스템이 탑재되어 있다. 또한, KW1 스콜피온은 기본적으로 12.7mm 중기관총과 40mm 자동 유탄 발사기를 장착할 수 있다. 이 외에도 미사일, 로켓 발사기 등 다양한 무기 시스템을 추가로 장착할 수 있어 전투 차량으로서도 활용될 수 있다.

이 차량은 대한민국 육군뿐만 아니라 다른 국가에서도 수입되어 운용되고 있다. KW1 스콜피온은 안정적인 성능과 다양한 임무에 대한 대응 능력 등으로 인해 인기 있는 장갑차 중 하나다.

현대로템은 이러한 제품 외에도 군용 차량에 대한 유지보수, 수리 및 업그레이드 서비스도 제공하고 있다. 현대로템은 방산기술에 대한 전문성을 바탕으로 세계 각국에 제품을 수출하며 세계 방산 시장에서 확고한 입지를 다지고 있다.

* 한화디펜스(Hanwha Defense)

한화그룹의 자회사인 한화디펜스는 첨단 군사 장비 및 시스템의 연구, 개발, 생산에 주력하는 한국의 대표적인 방위산업체.

한화디펜스는 지상에서 공중까지 모든 유형의 전장 환경에 맞는 토털 방산 솔루션을 제공하는 종합 방산 기업이다.

이 회사는 한국군에 오랜 기간 제품을 공급해 왔으며 폴란드, 말레이시아, 인도네시아 등 여러 국가에 제품을 수출하고 있다. 창사 이래 최대 매출과 영업이익을 달성하는 기록을 세웠다.

1952년 한국화약회사로 설립된 이 회사는 수년에 걸쳐 현대 군대의 요구 사항을 충족하는 다양한 제품으로 포트폴리오를 확장해 왔다. 지속적인 R&D 투자를 통해 세계 최고 수준의 K9 썬더 자주포 체계와 첨단 성능을 갖춘 K55A1, K9A1 등 성능의 한계를 뛰어넘는 차세대 자주포를 개발해 왔다.

예를 들어, K-방산의 대표작에 속하는 K-9 자주포는 세계 최초의 완전 자동화된 탄약 지원 시스템이다. 후속 모델인 K-10 탄약 재보급 차량은 K9의 첨단 기능을 더욱 향상시켰다.

한화디펜스는 또한 천궁(지대공 미사일 발사대), 한국형 수직발사 체계(KVLS) 등 40여 종의 육상 발사대 체계와 해상 발사대도 생산하고 있다. 이 회사는 다중영역작전(MDO)에 매우 효과적인 다양한 장갑차 포트폴리오를 보유하고 있다.

주요 제품으로는 기존 박격포보다 뛰어난 전투 사거리와 화력을 자랑하는 120mm 자주자동박격포 체계, 핵-생물-화학 정찰 차량(NBCRV) 등 K200 장갑차 기술을 적용한 7종의 특수장갑차 모델, 세계 최고 수준의 보병전투 차량인 K21 등이 있다. 또한 한국형 상륙돌격장갑차와 한국 해병대의 주력 장갑차인 한국형 상륙돌격장갑차(KAAV-II)를 개발 중이다.

한화디펜스는 고품질의 신뢰할 수 있는 방산 장비를 생산하는 것으로 정평이 나 있으며, 수년 동안 대한민국군의 핵심 공급업체로 활동해 왔다. 또한 튀르키예, 폴란드, 인도네시아, 필리핀 등 전 세계 여러 국가에 제품을 성공적으로 수출하고 있다.

한화디펜스는 전통적인 방산 제품 외에도 무인 시스템 및 사이버 보안 솔루션과 같은 새로운 기술과 역량에 투자하여 현대 군대의 진화하는 요구 사항을 충족하고 있다.

주요 제품은 다음과 같다.

K-9 자주포 썬더 : 뛰어난 화력, 기동성, 방호력을 갖춘 155mm 자주곡사포로 최대 40km까지 발사할 수 있다. 발사 속도가 빠르고 모든 기상 조건에서 작동할 수 있다. 또한 자동 장전 시스템과 디지털 사격 통제 시스템을 갖추고 있다. 튀르키예, 폴란드, 핀란드, 인도, 에스토니아, 노르웨이, 호주 등 다양한 국가에 수출되고 있다. K-9 자주포는 전 세계 9개국에 1,500문 이상이 수출되어 수출시장 점유율 50%를 넘긴 베스트셀러이기도 하다. 예정된 계약 물량이 원활하게 수출되면 점유율이 70%에 육박할 것이라는 관측도 나온다.

K30 비호 : 30mm 쌍곡포와 4발의 지대공 미사일로 효과적인 대공 방어가 가능한 자주 대공포 시스템이다. 저공 비행 항공기 및 헬리콥터와 교전할 수 있는 자주 대공포다. 레이더 시스템과 표적 탐지 및 추적을 위한 전자광학/적외선 센서가 장착되어 있다.

AS-21 보병전투 장갑차 레드백 : 호주 육군의 LAND 400 3단계 프로그램을 위해 개발된 보병전투차량으로, 첨단 방호 시스템과 30mm 자동포가 장착되어 있다.

미사일 시스템 : 중거리 지대공 미사일(MRSAM) 천궁과 현무 탄도미사일 제품군 등 방어와 공격 임무를 모두 수행할 수 있는 미사일 체계개발 및 생산에 참여하고 있다.

한화디펜스는 군의 작전 효율성을 높이기 위해 지휘통제체계, 통신체계, 훈련 및 시뮬레이션 시스템 등 종합 솔루션을 제공하고 있다. 또한 감시, 정찰 및 수송 임무를 위해 설계된 지능형 UGV(무인 지상 차량)를 비롯한 무인 시스템 개발에도 뛰어들었다. 한화디펜스는 혁신과 품질에 대한 노력을 통해 글로벌 방산 시장에서 평판이 좋고 신뢰할 수 있는 파트너로 자리매김했다.

* 한국항공우주산업(KAI)

KAI는 전투기, 헬리콥터, 무인항공기(UAV) 등 다양한 군용 항공기와 기타 항공우주 제품 생산을 전문으로 하는 한국의 항공우주 및 방위산업 회사다. 이 회사는 한국군의 주요 공급업체이며 다른 국가에도 제품을 수출하고 있다. 이 회사는 1999년에 설립된 한국항공우주산업(KAI)은 경상남도 사천에 본사를 둔 한국의 대표적인 항공우주 및 방위산업체다.

국내 주요 항공 기업 3사(현대우주항공, 대우중공업, 삼성항공)가 합병한 결과, KAI는 항공우주 및 방위 분야에서 핵심적인 역할을 담당하게 되었다.

KAI의 제품에는 T-50 골든이글 초음속 고등훈련기, KF-X 전투기, KUH-1 수리온 다목적 헬기 등 다양한 군용 항공기가 포함된다. 또한 KUS-FT 전술 무인항공기, KUS-VH 정찰용 무인항공기 등 무인항공기(UAV)도 생산하고 있다.

KAI는 한국군에 공급하는 것 외에도 인도네시아, 이라크, 필리핀 등 다른 국가에도 제품을 수출하고 있다. 또한 록히드마틴, 에어버스 등 여러 국제 항공우주 및 방위산업체와 파트너십을 맺고 있다.

주요 제품은 다음과 같다.

FA-50 파이팅 이글(Fighting Eagle) : KAI에서 개발한 경공격 전투기다. 이전에는 T-50 고등훈련기의 발전형으로 개발되었으며, 미국의 F-16 전투기와 유사한 기능을 제공한다. 레이더, 타겟팅 포드, 데이터링크 등을 갖추고 있으며 미사일, 폭탄 등 다양한 무기를 탑재할 수 있다. FA-50는 고도의 기동성과 고속 비행 능력을 갖추고 있으며, 공중전 및 지상공격 기능을 모두 수행할 수 있다. 2014년 대한민국 공군에서 실전 배치되었다.

T-50 골든이글 : KAI와 록히드마틴이 대한민국 공군을 위해 개

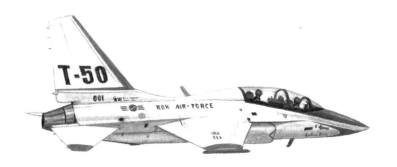

〈T-50 골든이글〉

발한 경전투기다. T-50은 대한민국 최초의 국산 초음속 고등훈련기로, 현재 널리 생산되었다. 초음속 고등훈련기를 기반으로 공대공, 공대지, 정찰 임무 등 다양한 임무를 수행할 수 있다. 레이더, 타겟팅 포드, 데이터링크 등을 갖추고 있으며 미사일, 폭탄 등 다양한 무기를 탑재할 수 있다. T-50 골든이글은 최대 비행 속도가 마하 1.5에 이르며, 최대 비행 고도는 약 14,600m다. 또한 기체의 최대 공격 반경은 약 1,100km로, 다양한 임무 수행에 적합한 성능을 갖추고 있다. T-50 시리즈는 인도네시아, 필리핀, 이라크, 태국 등의 국가에 수출되었다.

KUH-1 수리온 : 한국군용으로 개발된 트윈 엔진의 중형 유틸리티 헬리콥터이다. 병력 수송, 수색 및 구조, 의무 후송 작전 등 다양한 역할을 수행하도록 설계되었다. 최대 16명의 병력 또는 9개의 들것을 수송할 수 있고 의료 후송, 수색 구조, 화력 지원 및

VIP 수송 임무를 수행할 수 있다. 4날개 메인 로터와 페네스트론 테일 로터가 장착되어 소음과 진동을 줄였다.

KUS-VH : 감시, 정찰 및 표적 획득 임무를 수행할 수 있는 수직 이착륙(VTOL) 무인 항공기(UAV)이다. 헬리콥터 모드와 비행기 모드를 전환할 수 있는 틸트로터 설계가 적용되어 있다. 전자광학/적외선 센서, 합성개구레이더, 레이저 지정기 등 다양한 페이로드를 탑재할 수 있다.

KAI는 한국군을 지원하는 데 중요한 역할을 하고 있으며 국제 시장에서 점점 더 많은 주목을 받고 있다. 록히드마틴, 에어버스, 보잉과 같은 글로벌 항공우주 대기업과 파트너십을 맺어왔다. 이러한 협업을 통해 KAI는 첨단 기술을 지속적으로 개발하고 글로벌 항공우주 및 방위산업에서 입지를 넓혀가고 있다.

* LIG넥스원

LIG넥스원은 정밀 유도탄, 감시 정찰 시스템, 지휘/통제/통신 시스템, 항공전자, 전자전 시스템, 무인 시스템, 미래 기술 등 다양한 제품을 생산하는 대한민국의 항공우주 제조 및 방위산업체다. LIG넥스원은 LIG그룹의 자회사로 1976년 골드스타정밀로 설립되어 2008년 LIG넥스원으로 사명을 변경했다.

이 회사는 혁신으로 명성이 높으며 한국군을 위한 여러 첨단 기술을 개발했다. LIG넥스원의 기술력은 첨단 기능과 신뢰성으로 잘 알려져 있다. 또한 해외로 사업을 확장하여 해외 고객에게 제품과 서비스를 제공하고 있다.

LIG넥스원은 미사일 방어 시스템으로 중거리 지대공 미사일 철매-2, 장거리 지대공 미사일 KM-SAM(일명 철매-3), 탄도미사일 현무 계열 등 다양한 지대공 및 지대지 미사일을 개발했다.

주요 제품은 다음과 같다.

천궁-II : 항공기, 헬기, 순항미사일, 드론 등 다양한 공중 위협을 요격할 수 있는 중거리 지대공 미사일 시스템이다. 수직 발사 시스템과 유도 및 추적을 위한 사격 통제 레이더를 갖추고 있다.

천궁-II는 중거리 공중 방어 시스템으로, 최대 사거리는 약 100km 정도다. 이 시스템은 높은 정확성과 고도에서의 탐지 및 추적 능력으로 인해, 대규모 공격을 막는 데 효과적이다.

전자전 체계 : LIG넥스원은 전자정보(ELINT) 시스템, 통신정보(COMINT) 시스템, 전자지원조치(ESM) 시스템 등 다양한 전자전 시스템을 개발해 왔다. 탄도 미사일 및 기타 공중 표적을 탐지하고 추적할 수 있는 장거리 조기 경보 레이더 시스템이다. 이러한 시스템은 한국군이 적의 전자 신호와 통신을 감청, 분석, 대응할 수 있도록 지원한다.

무인 항공기(UAV) : 또한 정찰 및 감시 임무에 사용되는 리모아이-006과 같은 무인 항공기 개발에도 뛰어들었다. 이러한 무인 항공기는 군에 실시간 정보와 상황 인식을 제공하여 의사 결정과 목표물 획득을 지원한다.

통신 및 항법 시스템 : LIG넥스원은 전술 통신 시스템, 위성 통신 시스템, 군용 GPS 장비 등 군용 통신 및 항법 솔루션을 제공하고 있다. 이러한 시스템은 군부대와 지휘본부 간의 안정적이고 안전한 통신을 보장한다.

LIG넥스원은 연구개발에 대한 끊임없는 노력으로 대한민국 군을 위한 최첨단 기술을 개발하여 대한민국 국방력 강화에 크게 기여하고 있다. 또한 다양한 국제 협력에 참여하고 전 세계 여러 국가에 제품을 수출하며 글로벌 입지를 넓혀가고 있다.

2. 군함과 잠수함을 제조하는 K-방산업체

한국은 국내 군대와 해외 고객 모두를 위해 다양한 군함과 잠수함을 생산하는 탄탄한 조선 및 방위산업을 보유하고 있다. 한국의 초기 군함 생산은 한국의 해안을 경비하기 위한 고속 순찰정 생산이 주를 이루었다.

1972년, 한국은 최초의 초계함인 참수리급 초계함(필리핀에 콘라도얍급 초계함으로 개명하여 기증)을 건조했다. 군함 건조에 참여한 최초의 조선 회사는 한국조선해양(KSEC)과 한국타코마해양공업주식회사로, 앞서 언급한 참수리급 초계함 등 한국 최초의 군함을 다수 생산한 조선소였다.

이후 현대중공업과 대우조선해양(1999년까지 대우그룹 산하)이 군함 생산에 참여하게 된다. 이 회사들은 1980년대 한국의 대잠전 능력을 강화하기 위해 초계함과 호위함 생산에 서로 협력했다. 이러한 선박 제조에 관여하는 대표적인 한국 방위산업체는 다음과 같다.

* 현대중공업

현대중공업은 세계 최대 조선 회사 중 하나이며 조선업뿐만 아니라 특수선 분야에서도 다양한 제품을 생산하고 있다. 대한민국 해군 및 기타 국제 고객을 위한 호위함, 구축함, 상륙함 등 다양한 해군 함정을 건조해 왔다.

이를 담당하는 부서는 특수선사업부다. 한국 방위산업체로 지정된 특수선사업부는 함정 및 특수선박 건조에 필요한 전문화된 인력과 최신시설들을 갖추고 있으며, 함정 설계 및 건조에 필요한 첨단기술을 보유하고 있다.

이 사업부는 1975년 대한민국 국방부로부터 한국 최초의 국산 전투함인 2000톤급 호위함인 울산함의 설계 및 건조자로 선정되어 1980년 12월 한국 해군에 성공리에 인도함으로써 우리나라 건조함 자립의 선구자적인 역할을 수행해 왔다.

한국 해군의 주력함인 울산급 호위함은 한·미·일·캐나다·호주 해군 등이 참가한 '환태평양 합동 해상훈련'에서 수차 'TOP GUN'으로 선정됨으로서 그 우수한 성능을 과시한 바 있다.

특수선사업부는 해양, 선박, 해양구조물 등 다양한 분야에서 수많은 경험과 기술을 보유하고 있다. 특히 국내외에서 건조된 수십여 척의 FPSO, FSRU, FLNG, 군함 등 특수선을 생산하고 있다. 이 외에도 현대중공업은 지열발전설비, 태양광발전설비, 해상풍력발전설비 등 다양한 장비를 제공하며, 이를 위한 설계 및 제작, 설치, 시운전, 유지보수 등의 서비스를 제공하고 있다.

주요 제품은 다음과 같다.

세종대왕급 구축함 KDX-III : 이지스 전투체계와 스텔스 기능을 갖춘 유도탄 구축함이다. 대한민국 해군에서 가장 크고 강력한 수상 전투함이다.

〈도산 안창호급 잠수함〉

정조대왕급 이지스함 : 해군 구축함 중 가장 규모가 큰 정조대왕
함급 차세대 이지스함이다. 이 구축함에는 최신 이지스 전투체계
를 탑재해 탄도미사일 탐지와 추적, 요격이 가능하다. 뛰어난 스
텔스 성능과 대잠수함 작전 수행 능력까지 갖출 예정이다. 울산
현대중공업에서 건조돼 2027년 해군에 인도될 예정이다.

KSS-III 도산 안창호급 잠수함 : 공기불요추진 및 수직발사체계
를 갖춘 디젤-전기 추진 잠수함이다. 대한민국 해군이 보유한 잠
수함 중 가장 큰 최신예 잠수함이다.

PKX-B 참수리-II급 초계함 : 스텔스 기능과 대함 미사일을 탑재
한 고속 초계함이다. 북한의 고속 공격정에 대응하고 연안 해역을

방어하기 위해 설계되어 있다.

LPH-II 마라도급 상륙함 : 우물 갑판과 스키 점프 램프가 있는 상륙 헬기 도크. 헬기, 상륙정, 상륙돌격장갑차, 해병대원 등을 탑재하여 상륙작전을 수행할 수 있다.

MLS-II 천왕봉급 상륙함 : 우물 갑판과 헬기 갑판을 갖춘 상륙함이다. 상륙작전을 위한 병력, 차량, 장비, 물자 등을 수송할 수 있다.
특수선사업부는 또한 수중 로봇, 수중 드론 등 첨단기술을 활용한 해양관측장비 개발에도 많은 투자를 하고 있다. 이를 통해 해양의 깊은 곳에서도 정확한 데이터를 수집하여 다양한 연구 및 개발 분야에서 사용할 수 있도록 지원하고 있다.
특수선사업부는 현재까지 순수 자체기술로 설계, 건조한 구축함, 호위함, 초계함, 군수지원함, 원해경비함 등 약 60여 척의 함정을 한국 해군 및 해양경찰에 공급했으며, 뉴질랜드 해군, 방글라데시 해군, 베네수엘라 해군 등에도 함정을 수출한 바 있다.

* 대우조선해양

대우조선해양(Daewoo Shipbuilding & Marine Engineering, DSME)은 대한민국의 조선업체 중 하나로, 세계적으로 대형 탱커, 케미컬 탱커, 컨테이너선, LNG선 등 다양한 유형의 선박을 생산하고 있다.

이 회사는 1973년 대우그룹의 조선 부문으로 설립되었으며, 2000년에는 자사의 독립적인 법인으로 분리되었고, 2022년 12월 한화그룹에 인수되었다. 대우조선해양은 세계 최고의 조선 및 해양 공학 기업 중 하나로 꼽히며, 주로 대형 선박, 해양 플랫폼, 해양 및 해저 시설물, 해양 발전 시스템 등을 설계, 건조 및 판매하고 있으며, 특히 LNG선 생산 분야에서는 세계 1위의 지위를 유지하고 있다.

또한, 대우조선해양은 1989년부터 시작한 잠수함 건조를 통해 잠수함 자체 설계와 건조 능력, 창정비 능력을 갖췄으며 대함·대공 미사일과 근접 방어 무기 체계 등 첨단 무장을 갖춘 한국형 3000톤급 헬기 탑재 구축함 3척을 국내 최초로 100% 자체 설계, 건조해서 해군에 인도해 1989년에 실전 배치되기도 했다. 더욱이 건조한 잠수함·구축함은 환태평양 합동군사 훈련과 림팩 훈련에 각각 참가해 작전 능력의 우수성을 선보였다. 이 회사는 대한민국 해군과 다양한 해외 국가의 해군에서 사용될 함정과 잠수함을 제작하고 있다.

주요 제품은 다음과 같다.

광개토대왕급 잠수함(SS-III) : 대한민국 해군의 최신형 전략잠수함으로서, 대한민국 해군의 중추력인 2세대 잠수함으로 북한의 어뢰 및 탄도미사일 위협에 대응하기 위해 개발되었다.

도산 안창호급 잠수함 : 대한민국 해군의 공기불요추진 및 수직 발사체계를 갖춘 디젤-전기 추진 잠수함이다. 대우조선해양은 2029년까지 9척의 잠수함을 건조하고 있다.

장보고급 고속함(FFX-II) : 대한민국 해군의 대표적인 초계열 다목적함으로서, 항공모함 호위, 대기동력 수색정 등 다양한 임무를 수행할 수 있는 함정이다.

인천급 초계함(Incheon-class frigate) : 대한민국 해군의 경순양함으로, 해상 경계 및 항공 지원 능력을 갖추고 있다. 인천급 초계함은 해상 안보를 강화하기 위해 개발되었다.

독도급 상륙함(Dokdo-class amphibious assault ship) : 대한민국 해군의 상륙전함으로, 상륙 작전과 해병대 전력 프로젝션 능력을 강화하기 위해 개발되었다.

추진형 탐지 및 대잠 무기 시스템(PDMS) : 대한민국 해군에서 사용되는 대잠전 요격체인 화살고동(PCL)과 유사한 원리를 이용하는 새로운 대잠 무기 체계다. 국내외 해군에서 많은 관심을 받고 있다.

그 외에도 대우조선해양은 인도네시아, 인도, 파키스탄, 페루, 루마니아, 폴란드 등 다양한 국가에 해군 함정과 잠수함을 수출하고 있는데 주요 수출 실적은 다음과 같다.

209/1400 잠수함 : 독일 209형 잠수함 설계를 기반으로 한 디젤-전기 잠수함. 대우조선해양은 2017년부터 2021년까지 인도네시아에 3척의 잠수함을 인도했다.

시발릭급 호위함 : 인도 해군의 스텔스 다목적 호위함이다. 대우조선해양은 2010년부터 2012년까지 인도에서 건조된 호위함 3척에 대한 설계 및 기술 지원을 제공했다.

아고스타 90B 잠수함 : 파키스탄 해군의 공기불요추진 디젤-전기 잠수함이다. 대우조선해양은 1999년부터 2008년까지 파키스탄에서 건조된 잠수함 3척에 대한 설계 및 기술 지원을 제공했다.

루포급 호위함 : 페루 해군의 다목적 호위함이다. 대우조선해양은 1984년부터 1987년까지 페루에 호위함 4척을 인도했다.

22형 호위함 : 루마니아 해군의 다목적 호위함. 대우조선해양은 2004년에 루마니아에 호위함 2척을 인도한 바 있다.

충무공 이순신급 구축함 KDX-II : 스텔스 기능과 대공, 대함, 대잠 능력을 갖춘 다목적 구축함이다. 대우조선해양은 2020년과 2021년에 폴란드에 구축함 2척을 인도했다.

한진중공업(HHIC)은 경비정 및 상륙 플랫폼 도크를 포함한 해군 함정 건조에 오랜 역사를 가지고 있다. 대한민국 해군 및 기타 해외 고객들이 한진중공업의 제품을 사용하고 있다.

한진중공업은 1972년 국내 최초의 국산 경비정 건조를 시작으로 1974년 국내 방위산업체 1호로 지정된 이래로 50여 년간 대형수송함(LPH)을 비롯하여 고속상륙정(LSF), 차기 고속정(PKX) 등 최첨단 함정의 100% 자체설계부터 건조까지 전 과정을 수행하며 우리나라를 대표하는 함정 건조 조선소로 자리매김해 왔다.

한진중공업은 그 중에서도 군함과 관련된 제품들이 주요 사업 분야 중 하나다. 해군의 다목적 훈련지원정과 해양경찰의 3000톤 경비구난함 등 각종 지원함과 경비함 분야에서도 다양한 함정을 건조하며 1,000여 척이 넘는 국내 최다 함정 건조실적을 보유하고 있다. 한진중공업에서 생산하는 전투함들은 고속경비정, 초계함, 호위함, 잠수함 등 다양한 종류가 있다.

고속경비정 : 해상 경계를 수행하고 해적, 밀수 및 불법 낚시 행위를 차단하는 역할을 하는 소형 군함이다.

초계함 : 해상에서의 정찰 및 정보 수집을 수행하며, 전술 정보를 확보하는 역할을 하는 군함이다.

호위함 : 다양한 전투 미션을 수행할 수 있는 다목적 군함으로, 대잠 전투, 대공 전투, 대수상 전투 등의 능력을 갖추고 있다.

독도급 상륙함 : 14,000톤급 강습상륙함으로, 헬기와 공기부양 고속상륙정을 탑재할 수 있는 전통형 비행갑판과 대형 웰도크를 갖춘 다목적 함정으로 대한민국 해군의 주력 상륙함이다. 한국과 일본이 영유권 분쟁을 벌이고 있는 독도의 이름을 따서 명명되었다.

독도함은 최대 15대의 헬기, 720명의 해병대원, 200대의 차량을 탑재할 수 있다. 독도함은 상륙작전을 위한 병력과 장비수송을 기본 임무로 하는 대형수송함으로, 착륙 헬리콥터, 수송 헬리콥터, 공격 헬리콥터 등 다양한 종류의 헬리콥터를 수용할 수 있으며, 병력과 장비를 신속하게 이동시킬 수 있다.

또한, 상륙용 차량과 보트를 보관하고 운용할 수 있다. 해상기동부대나 상륙기동부대의 기함이 되어 대수상전, 대공전, 대잠전 등 해상작전을 지휘 통제하는 지휘함의 기능을 수행한다. 1번 함인 독도함(LPH-6111)은 2005년에 진수되어 2007년에 취역했다.

마라도급 상륙함 : 대한민국 해군의 독도급 대형수송함의 2번함으로, 제주도 인근의 작은 섬인 마라도의 이름을 따서 명명되었다.

독도급 함정과 유사하지만 레이더, 무기, 비행갑판, 전투체계 등에서 일부 개선 및 개조가 이루어졌다. 비행갑판은 초고장력강 재질로 제작되어 MV-22 오스프리와 같은 수직이착륙기가 이착륙할 수 있다. 우물갑판에는 상륙함 에어쿠션(LCAC) 2대 또는 LSF-II 호버크래프트 2대를 탑재할 수 있다. 5개의 착륙장이 있는 비행갑판과 헬기 정비를 위한 격납고가 있다.

근접무기체계(CIWS) 팔랑크스 2기와 자체 방어를 위해 16발의 지대공 함대함유도탄(K-SAAM)을 발사하는 K-VLS 셀 4기로 무장하고 있다. 또한 K-Dagaie NG 미끼 발사 시스템과 전자전을 위한 전자전체계(ESM/ECM)도 탑재하고 있다. 선도함인 ROKS 마라도(LPH-6112)는 2018년 진수돼 2021년 취역했다. 2번함은 2025년까지 건조될 예정이다.

* 주식회사 강남

방산업체 강남은 FRP(섬유 강화 폴리머) 선박 및 기뢰 대응 함정(MCMV)을 전문으로 하는 조선 및 방위산업체다.

강남은 제비표 페인트의 자회사로 국내 FRP 조선업의 효시이다. 1975년 FRP 조선소로서의 우수한 기술력을 인정받아 방위산업체로 지정되어 대소 고속경비정을 생산하면서 방위산업의 일익을 담당해 왔다.

FRP는 무게 대비 강도가 높고 내식성이 뛰어난 복합 소재로 알려져 있다. 조선업에서 FRP를 사용하는 것은 비교적 새로운 개발이지만 이미 엄청난 잠재력을 보여주는 것이다. FRP 선박은 기존의 강철 선박보다 가볍고 강하며 내구성이 뛰어나며 유지보수가 덜 필요하다. 또한 FRP는 자성이 없어 기뢰 제거 및 기타 군사 용도로 사용하기에 이상적이다.

이 회사는 경비정, 기뢰부설함, 상륙돌격함 등 다양한 FRP 선박을 개발해 왔으며, 대한민국 해군과 해경이 강남의 선박을 사용하고 있다.

주식회사 강남의 사업은 크게 신조선, 수리선, 프랜트로 나누어져 있다. 신조선사업부에서는 FRP 선박으로 소해함(양양급), 기뢰탐색함(강경급), 고속경비정 및 각종 보조선과 알루미늄 고속정, STEEL 고속정 등을 건조하고 있으며, 수리선사업부에서는 연간 약 150여 척의 각종 선박을 수리 및 개조할 수 있다.

FRP 선박의 축적된 기술을 바탕으로 소해함에서부터 기뢰탐색함, 대·소 고속경비정, 고속단정, 보조정 등 약 1,000여 척을 해군에 인도되어 운용되고 있다. 또한 국방 첨단 무기 체계의 신기술을 지속적으로 연구 개발하여 방위산업의 미래 성장 기반을 마련하고 있다.

강남은 FRP 조선에 국한하지 않고 수리선사업에 주력하여 3,000~5,000톤급 이하 강선 7척을 동시 입항 수리할 수 있는 선대를 보유하고 있다. 연간 150여 척의 선박을 수리하는 수리선사업부는 일본, 러시아, 싱가폴, 노르웨이 등 세계 각국으로부터 다양한 수주를 받고 있으며, 건조에서 수리에 이르기까지 체계적이고 일관된 업무체계를 구축하고 있다.

3. 전자 훈련체계 분야 K-방산 방위업체

한국 방위산업은 지난 몇 년 동안 전자 훈련 시스템 분야에서 상당한 발전을 이루었다. 이러한 시스템은 실제 시나리오와 환경을 시뮬레이션하여 군인의 훈련과 준비태세를 강화하는 데 사용된다. 한국 방위산업이 전자 훈련 시스템에서 주목할 만한 발전을 이룬 몇 가지 주요 분야는 다음과 같다.

비행 시뮬레이터 : 한국항공우주산업(KAI), LIG넥스원 등 한국 기업들은 조종사 훈련용 첨단 비행 시뮬레이터를 개발해 왔다. 이러한 시뮬레이터는 T-50 골든이글, FA-50, KUH-1 수리온 헬기 등 다양한 기종의 조종사 훈련에 사용된다. 실제 비행 조건과 매우 흡사한 현실적인 훈련 환경을 제공하여 조종사의 기술력과 준비성을 향상시킨다.

지상 기반 훈련 시스템 : 국내 방산업체들은 다양한 군용 애플리케이션을 위한 지상 기반 훈련 시스템을 개발해 왔다. 이러한 시스템에는 전투 훈련 시뮬레이터, 차량 시뮬레이터, 전장 관리 시스템 등이 포함된다. 한화시스템, 현대로템, 도담시스템과 같은 기업들이 이러한 첨단 지상 기반 훈련 시스템 개발에 적극적으로 참여하고 있다.

가상현실(VR) 및 증강현실(AR) 훈련 시스템 : VR과 AR 기술은 국방 훈련 분야에서 강력한 도구로 부상하고 있으며, 한국 기업들도 이 분야에서 뒤처지지 않고 있다. 보병 전투 훈련, 차량 정비, 의료 훈련 등 군에서 활용할 수 있는 다양한 VR 및 AR 기반 훈련 시스템을 개발했다. 삼성전자, LIG넥스원, 솔트룩스 등이 이 분야의 대표적인 한국 기업이다.

해군 훈련 시스템 : 한국 방위산업체들은 선박 시뮬레이터와 잠수함 훈련 시스템과 같은 해군 훈련 시스템에서도 진전을 이루었다. 이러한 첨단 시스템은 해군 장병들이 통제된 환경에서 함정 운용, 항해 및 전투 시나리오에 익숙해지도록 도와준다. 한화시스템, LIG넥스원, 현대중공업과 같은 기업이 이 분야의 주요 입체다.

사이버 보안 교육 시스템 : 현대전에서 사이버 보안의 중요성이 커짐에 따라 국내 방산업체들은 첨단 사이버 보안 훈련 시스템 개발에 주력하고 있다. 이러한 시스템은 군인들이 사이버 위협을 효과적으로 식별, 대응, 완화할 수 있도록 지원한다. 안랩, SK인포섹과 같은 기업들이 사이버 보안 훈련 시스템 개발에 적극적으로 참여하고 있다.

이밖에도 K-방산에서는 전자 훈련체계 분야에서 몇 가지 주요 기업들이 활동하고 있다. 이러한 회사들은 국방용 전자장비, 군수품, 교육 및 훈련 시뮬레이터 등을 개발, 제조, 유지보수한다. 다음은 전자 훈련체계 분야에서 활동하는 주요 한국 방위업체들이다.

* CAE 코리아

CAE 코리아는 대한민국 국방력 강화에 기여하기 위해 군사 시뮬레이션 및 훈련 솔루션을 제공하는 회사다. 이 회사는 교육 및 시뮬레이션 솔루션 분야의 글로벌 리더인 CAE의 자회사다.

비행 시뮬레이터, 헬리콥터 시뮬레이터, 해상 시뮬레이터, 육상 시뮬레이터, 사이버 시뮬레이터 등의 제품을 제공하는 데 주력하고 있다.

이러한 시뮬레이터는 군인에게 현실적이고 몰입감 있는 훈련 경험을 제공하여 안전하고 통제된 환경에서 중요한 기술을 개발하고 다양한 시나리오에 대비할 수 있도록 지원한다.

시뮬레이션 제품 외에도 CAE 코리아는 코스웨어 개발, 훈련 요구사항 분석, 교관 교육, 훈련 관리 시스템 등 다양한 훈련 서비스를 제공한다. 이러한 서비스는 군 장병들이 안전하고 효과적으로 임무를 수행하는 데 필요한 지식과 기술을 갖출 수 있도록 지원한다.

CAE 코리아는 세계 최고 수준의 훈련 및 시뮬레이션 솔루션을 제공함으로써 대한민국 공군, 육군, 해군, 해경을 지원하는 데 중요한 역할을 하고 있다.

CAE 코리아의 주력 솔루션 제품은 다음과 같다.

헬리콥터 시뮬레이터 : CAE 코리아는 육군, 해군 및 해경에서 사용되는 다양한 헬리콥터 시뮬레이터를 제공한다. 이러한 시뮬레이터는 항공기 조종 및 임무 수행 훈련을 위한 고급 시스템으로, 실제 비행 조건을 모사하여 효과적인 훈련을 제공한다.

제트 훈련기 시뮬레이터 : 공군에서 사용되는 T-50 제트 훈련기 시뮬레이터를 제공한다. 이러한 시뮬레이터는 실제 비행 시스템을 모방하여 항공기 조종 및 임무 수행 훈련을 제공한다.

해상 전투 훈련기 : CAE 코리아는 해군에서 사용되는 다양한 해상 전투 훈련기 시스템을 제공한다. 이러한 시스템은 실제 해상 전투 환경을 모방하여 항공기 및 함선 운용 능력을 강화할 수 있도록 훈련을 제공한다.

전투 트레이닝 센터 : CAE 코리아는 공군 및 해군에서 사용되는 다양한 전투 트레이닝 센터 시스템을 제공한다. 이러한 시스템은 실제 전투 환경을 모방하여 항공기 및 함선 운용 능력을 향상시키는데 도움을 준다.

군사 의료 시뮬레이터 : CAE 코리아는 군사 의료 훈련을 위한 다양한 시뮬레이터를 제공한다. 이러한 시스템은 군인들이 다양한 의료 상황에 대처할 수 있도록 훈련을 제공한다.

웹사이트를 통해 시민들에게 온라인 민방위 교육을 제공하는 회사다. 키보드 보안 솔루션 '케이디펜스 R7', 가상 보안 키패드 솔루션 '케이디펜스 R8', 온라인 PC 방화벽 솔루션 '아이디펜스', 암호화 모듈 솔루션 '케이크립토' 등의 제품도 제공하고 있다.

K-디펜스는 교육 자료 외에도 온라인 보안을 강화하고 사이버 위협으로부터 보호하기 위해 설계된 다양한 교육자료를 제공한다. 여기에는 민감한 정보를 유출할 수 있는 키로거 및 기타 유형의 악성 소프트웨어에 대한 추가 보호 계층을 제공하는 K-Defense R7 키보드 보안 솔루션이 포함된다.

K-Defense R8 가상 보안 키패드 솔루션은 이 회사가 제공하는 또 다른 제품이다. 이 솔루션을 사용하면 고급 암호화 및 보안 프로토콜로 보호되는 가상 키패드를 사용하여 비밀번호 및 신용카드 번호와 같은 민감한 정보를 입력할 수 있다.

종합적인 온라인 보안 솔루션을 찾는 사용자를 위해 K-디펜스는 i-Defense 온라인 PC 방화벽 솔루션을 제공하고 있다. 이 솔루션은 무단 액세스 및 기타 온라인 위협으로부터 보호할 수 있는 강력한 방화벽을 제공한다.

또한 K-디펜스는 민감한 데이터에 고급 암호화 기능을 제공하도록 설계된 K-크립토 암호화 모듈 솔루션을 제공한다. 이 솔루션을 통해 사용자는 다양한 암호화 알고리즘을 사용하여 파일과 메시지를 암호화하고 복호화할 수 있으므로 무단 액세스로부터 데이터를 보호할 수 있다.

K-디펜스는 다양한 온라인 민방위 교육 리소스와 보안 제품을 제공하는 회사로, 온라인에서 국민들이 안전하게 지낼 수 있도록 설계된 회사다.

* 킹스정보통신

킹스정보통신은 개인과 기업에 온라인 정보 보안 솔루션을 제공하는 기업이다. 이 회사는 사이버 위협으로부터 개인 및 기업 데이터를 보호하기 위해 설계된 다양한 제품을 제공한다.

이 회사에서 제공하는 제품 중 일부는 다음과 같다.

K-Defense R7 키보드 보안 솔루션 : 이 제품은 키보드의 키 입력을 기록할 수 있는 악성 프로그램인 키로거로부터 보호하도록 설계되어 있다. K-디펜스 R7은 키 입력이 컴퓨터에 도달하기 전에 암호화하는 보안 입력 메커니즘을 제공하여 키로거가 비밀번호, 신용카드 번호 및 기타 개인 데이터와 같은 민감한 정보를 캡처하지 못하도록 방지한다.

K-디펜스 R8 가상 보안 키패드 솔루션 : 이 제품은 키스트로크 로거를 사용하여 민감한 정보를 훔치는 해커로부터 보호하도록 설계되었다. K-Defense R8은 비밀번호, 신용카드 번호 및 기타 개인 데이터와 같은 민감한 정보를 입력하는 데 사용할 수 있는 가

상 키패드를 제공한다. 가상 키패드는 안전하며 키 입력은 컴퓨터로 전송되기 전에 암호화된다.

i-Defense 온라인 PC 방화벽 솔루션 : 이 제품은 맬웨어, 스파이웨어 및 기타 악성 소프트웨어와 같은 온라인 위협으로부터 보호하도록 설계되었다. i-Defense 방화벽은 컴퓨터의 수신 및 발신 트래픽을 모니터링하고 의심스러운 활동을 차단한다. 또한 실시간 알림을 제공하여 공격 시도를 사용자에게 알려준다.

K-Crypto 암호화 모듈 솔루션 : 이 제품은 데이터 파일과 이메일에 대한 안전한 암호화를 제공하도록 설계되었다. K-Crypto는 고급 암호화 알고리즘을 사용하여 무단 액세스로부터 민감한 데이터를 보호한다. 암호화 모듈은 컴퓨터, 이동식 저장 장치 및 이메일에 저장된 데이터를 보호하는 데 사용할 수 있다.

킹스정보통신은 전반적으로 개인과 기업이 사이버 위협으로부터 민감한 데이터를 보호할 수 있는 다양한 제품을 제공한다. 이러한 제품은 고급 암호화 및 보안 기술을 사용하여 데이터를 항상 안전하게 보호한다. 킹스정보통신의 이러한 솔루션들은 군 정보의 사이버 위협으로부터 다양한 방어능력을 제공하기도 한다.

* 포항공과대학교-산학협력단

POSTECH-Industry Collaboration Foundation : 이 협력단은 포항공과대학교-산학협력단(POSTECH-Industry Collaboration Foundation)은 포항공과대학교와 산업계와의 협력을 통해 연구 및 기술 개발을 촉진하는 조직이다. 이 협력단은 다양한 산업 분야에서 혁신적인 기술 개발을 지원하며, 전자전 및 항공전 시뮬레이션, 항공 및 해양 훈련 시뮬레이터, 가상 현실 기반의 훈련 시스템 등을 개발하고 있다.

이러한 기술들은 다양한 산업 분야에서 활용되며 국방, 항공, 해양, 의료, 교육 등 다양한 분야에서의 효율적인 훈련 및 시뮬레이션을 가능하게 만든다. POSTECH-산학협력단은 이러한 기술 개발을 통해 산업 혁신과 경쟁력 향상에 기여하고, 국가 경제 발전과 과학 기술 분야의 발전을 지원한다.

또한, 포항공과대학교-산학협력단은 기업들과의 긴밀한 협력을 통해 산학연구를 촉진하고, 기술이전 및 기술 상용화를 지원하여 경제 발전과 일자리 창출에 기여하고 있다. 이를 통해 산업계와 학계의 유기적 연계를 강화하며, 지식기반 사회의 성장을 도모하고 있다.

4. 화약, 탄약 총포 분야 K-방산

화약 및 탄약 분야는 한국 방위산업에서 중요한 역할을 담당하고 있으며, 국가의 안전과 안보를 보장하는 데 필수적인 분야다.. 한국은 총기, 탄약 및 기타 다양한 군사 장비의 개발과 생산을 포함하는 탄탄한 방위 산업을 보유하고 있다.

한국의 화약 및 탄약 분야 주요 기업은 다음과 같다.

* 풍산 코퍼레이션

1968년에 설립된 풍산코퍼레이션은 탄약 및 방위 관련 제품을 생산하는 한국의 대표적인 제조업체 중 하나다. 이 회사는 황동 및 구리 제품, 소구경 탄약 및 기타 방위 관련 품목을 전문적으로 생산하고 있다. 풍산은 대한민국 군에 탄약을 공급하고 있는 대한민국 방위산업계의 중요한 기업이다. 수년에 걸쳐 풍산은 품질과 혁신에 대한 높은 명성을 쌓아왔다.

풍산은 탄약 케이스 제조에 사용되는 황동 및 구리 제품 생산에 전문성을 보유하고 있으며, 특히 탄약 케이스 제조에 사용된다. 또한 풍산은 소총, 권총 및 기타 총기용 총알과 카트리지를 포함한 소구경 탄약 생산에도 관여하고 있다.

풍산은 탄약용 신재와 추진화약 및 링크 등 소재와 부품의 조달은 물론이고 화약의 충진 및 조립까지 일관생산체제를 갖춤으로서 품질과 가격 및 납기에서 높은 경쟁력을 갖추었다. 또한 대공포탄, 박격포탄, 곡사포탄, 전차포탄, 무반동총탄, 함포탄, 항공탄 등 다양한 종류와 구경의 탄약을 생산하고 있다.

풍산은 대한민국 군의 주요 공급업체로서 군에 신뢰할 수 있는 탄약 공급원이다. 또한 풍산은 전 세계 여러 국가에 제품을 수출하고 있으며, 이는 풍산 제품에 대한 글로벌 입지와 강력한 수요를 반영한다.

풍산은 핵심 사업인 탄약 및 방산 관련 제품 외에도 전자재료, 금속제품, 기계 등 다양한 분야로 사업을 다각화하여 균형 잡힌 사업 전략을 펼치고 있다. 특히 최근에는 관통력을 향상시킨 대전차 탄약과 사거리를 획기적으로 연장시킨 사거리연장탄, 한국형 구축함에 사용하고 있는 Goal Keeper탄, 전차와 다수의 병력을 동시에 제압할 수 있는 이중목적탄약 등 신형 탄약의 개발과 재래식 탄약의 성능개량에서도 큰 성과를 거두고 있다. 또한 MLRS(Multiple Launch Rocket System) 공동개발에 참여하여 핵심 부품인 자탄을 포함한 탄두 결합체의 생산을 담당하고 있다.

연구 개발에 대한 풍산그룹의 노력은 방위 산업의 기술 및 혁신의 선두를 유지하도록 하고 있다. 풍산은 미국, 일본, 싱가포르 등 다양한 국가에 자회사와 합작법인을 두고 국제적인 입지를 다지고 있다. 또한 ISO 9001, AS9100 등 다양한 인증과 품질경영시스템을 획득하며 품질과 신뢰성을 인정받고 있다. 풍산은 지속적인 개선에 집중함으로써 경쟁력을 유지하고 글로벌 방산 시장에서 선도적인 제조업체로서의 명성을 유지할 수 있었다.

* 한화 주식회사

한화의 화약부문은 한화그룹의 모기업으로써 1952년 설립된 이후 한화는 방위 산업 분야에서 강력한 입지를 다지고 있는 한국의 주요 대기업이다. 방위 사업부는 탄약, 폭발물, 추진제 등 다양한 방산 제품을 전문적으로 생산한다. 소형 무기, 대포 및 함포용 탄약과 로켓 추진제 및 기타 폭발물을 제조한다.

한화그룹은 항공우주 및 방위산업, 화학, 건설, 금융, 태양광 에너지 등 다양한 분야에서 사업을 영위하고 있다. 국내 최대 규모의 비즈니스 그룹 중 하나이며, 방산 부문은 고품질의 제품과 서비스로 높은 명성을 얻고 있다.

한화그룹의 방위사업 부문은 한국 방위 산업의 핵심 기업으로 다양한 방산 제품의 개발과 생산에 참여하고 있다. 주요 제품은 다음과 같다.

탄약 : 한화는 다양한 종류의 총기 및 무기 시스템용 탄약을 제조한다. 여기에는 소총 및 권총용 탄환과 같은 소형 무기 탄약과 포병 및 함포용 대구경 탄약이 포함된다. 또한 전차 탄약과 정밀 유도 탄약 생산에도 관여하고 있다.

폭발물 : 한화는 TNT, RDX, HMX 등 다양한 군용 폭발물을 생산하고 있다. 이러한 폭약은 철거, 광업, 군수품 제조 등 다양한 용도로 사용된다.

추진제 : 한화는 전 세계 군사 및 우주 기관에서 사용하는 로켓과 미사일용 추진제를 전문적으로 생산한다. 지대공, 공대공, 공대지 미사일 등 다양한 미사일 시스템의 기능에 필수적인 고체 추진제를 제조한다.

방위 시스템 : 한화 방산부문은 탄약과 폭발물 외에도 첨단 방산 시스템 개발에도 주력하고 있다. 여기에는 방공 시스템, 포병 시스템, 무인항공기(UAV), 해군 무기 시스템 등이 포함된다.

다양한 제품 포트폴리오와 혁신에 대한 노력을 통해 한화는 글로벌 방위 산업의 핵심 플레이어로 성장했다. 이러한 전문성과 역량을 바탕으로 대한민국 정부는 물론 해외 고객들에게도 신뢰받는 파트너로 자리매김하고 있다.

* S&T 모티브

S&T 모티브는 총기, 탄약 및 자동차 부품을 제조하는 대한민국 회사다. 1981년 대우정밀공업으로 설립되어 이후 S&T모티브로 사명을 변경했으며, 대한민국 국군의 대부분의 최전방 부대에 총기를 공급하고 있다.. 주요 제품으로는 K2, K11 등 돌격소총, K3, XK12 등 기관총, K5, DP511 등 권총이 있다. 제품 라인에는 돌격 소총, 기관총, 권총과 같은 소형 무기와 이러한 무기용 탄

약이 포함된다. S&T 모티브는 방위 산업의 주요 업체로 고품질 총기와 탄약을 생산하는 것으로 명성이 높다. 소형 무기 외에도 유탄 발사기, 대전차 무기, 무인 항공기(UAV) 등 다양한 방산 제품도 생산한다. S&T모티브에서 생산한 주요 제품은 다음과 같다:

K2 돌격 소총 : K2는 대한민국 군의 표준형 돌격 소총이다. 5.56x45mm NATO 탄창을 장착한 K2는 가스 작동식 선택 사격 무기로 신뢰성, 정확성, 내구성으로 정평이 나있다.

K3 경기관총 : K3는 분대 지원용으로 설계된 5.56x45mm NATO 구경의 경기관총이다. 가스 작동식 오픈 볼트 설계가 특징이며 반자동 및 자동 사격이 모두 가능하다.

K5 권총 : K5는 군인 및 법 집행 요원이 사용하기 위해 개발된 9x19mm 반자동 권총이다. 더블 액션/싱글 액션(DA/SA) 방쇠 메커니즘을 갖추고 있으며 알루미늄 합금 프레임과 스틸 슬라이드가 특징이다.

K6 중기관총 : K6는 미국 M2 브라우닝을 기반으로 한 .50 BMG(12.7x99mm NATO) 중기관총이다. 경장갑차, 항공기 및 요새에 사용하도록 설계되었다.

K12 범용 기관총 : K12는 다양한 전투 상황에서 높은 신뢰성과

효율성을 발휘하도록 설계된 7.62x51mm NATO 범용 기관총이다. 보병 지원 및 차량 탑재 역할에 모두 사용하도록 설계되었다.

S&T 모티브는 이러한 무기 외에도 소총, 권총, 기관총 카트리지 등 다양한 소형 무기용 탄약도 제조하고 있다. 이 회사는 제품 포트폴리오와 글로벌 입지를 지속적으로 확장하여 국제 방위 시장에서 핵심적인 역할을 하고 있다.

* 삼양화학공업

삼양화학은 한국의 방위산업용 장비를 생산하는 회사다. 1972년에 설립되었으며 화학, 금속, 부동산, 운송 등의 사업을 영위하는 다각화된 대기업인 삼양화학그룹에 속해 있다. 방산 방탄 제품인 특수장갑, 방탄 헬멧, 방탄복 등을 만드는 삼양켐텍은 관계사다.

주요 제품은 다음과 같다.

화학 보호복 : 화학, 생물학, 방사능, 핵(CBRN) 물질로부터 착용자를 보호하는 방호복이다. 고무, 직물, 필름 등 다양한 재질로 만들어진다.

해독제 키트 : CBRN 작용제의 영향을 치료하기 위한 약물과 장치가 들어 있는 키트다. 여기에는 자동 주입기, 주사기, 정제 및

마스크가 포함된다.

오염 제거 키트 : 사람, 장비, 표면에서 CBRN 작용제를 제거하기 위한 재료와 도구가 들어 있는 키트다. 여기에는 분무기, 물티슈, 스펀지, 용액 등이 포함된다.

탐지 시스템 : 공기, 물 또는 토양에서 CBRN 작용제를 감지하고 식별하는 시스템. 여기에는 센서, 분석기, 경보, 디스플레이 등이 포함된다.

위장 텐트 : 적의 관측으로부터 인원과 장비의 존재를 은폐하는 텐트다. 가시광선, 적외선, 레이더 파의 반사를 감소시키는 다중 스펙트럼 천으로 만들어진다.

* 이오시스템

이오시스템(IO System)은 1979년에 설립된 이래 전자광학 제품을 연구개발·생산하는 전문업체로서 1984년에 방산업체로 지정됐다. 이 회사는 대한민국의 군사력 강화에 중요한 역할을 담당하고 있으며 국내외 파트너와 협력하여 첨단 방위 솔루션을 개발해 왔다. 첨단 군사 기술 및 장비의 연구, 개발, 생산을 전문으로 하는 한국의 저명한 방위 기업이다. 이 회사는 한국 군대의 다양한 요구 사항을 충족하는 최첨단 제품 제공으로 한국 방위 산업에서 중요한 위치를 차지하고 있다. 아이오시스템의 제품과 서비스는 대한민국 군대의 상호 운용성과 효율성을 향상시켜 국가 안보 전반에 기여하도록 설계되었다.

주요 생산 품목으로는 이미 우리 군에서 널리 사용하고 있는 KM20 쌍안경을 비롯해 해안가·전방 철책에서 흔히 볼 수 있는 휴대용 주·야간 관측 장비(PVS-98K)가 대표적이다. 이 외에도 열 영상 조준경(PAS-01K), 단안형 야간 투시경(PVS-04K), 기관총 주야 조준경, 조종수 야간 잠망경, 주간 잠망경, M118 A2 팔꿈치 포경, M109 조준경, 기타 렌즈 조립체, 렌즈 코팅, 야시경용 광학 부품 등이 있다.

지휘, 제어, 통신, 컴퓨터, 정보, 감시, 정찰(C4ISR) 시스템

무인 시스템(공중, 지상 및 해상 플랫폼 포함)

전기 광학 및 적외선 센서

전자전 시스템

미사일 유도 및 제어 시스템

포병 및 무기 시스템

사이버 보안 및 방어 솔루션

* 휴니드 테크놀러지스

휴니드 테크놀로지스는 항공 및 방위 통신 시스템을 개발 및 제

조하는 회사다. 각종 통신 장비를 개발·생산하면서 국내 통신 분야의 중추적 역할을 해 오고 있는 휴니드테크놀러지스는 1968년 설립된 대영전자에서 2000년 지금의 휴니드로 회사명을 변경했다. 주로 전술 통신 시스템, 항공 전자 공학, 위성 통신 시스템, 무인 항공기(UAV), 전자전 시스템 등의 제품과 서비스를 군사, 항공우주 및 통신 산업에 제공한다.

휴니드는 먼저 우리 군 전술통신망의 중추 신경을 이루는 VHF 무전기를 비롯해 AM 무전기, FM 무전기 장치대, 전문처리기, 박격포 사격 제원 계산기 등 군에서 사용되는 통신 장비의 대부분을 취급하고 있다 할 만큼 그 영역이 넓다. 일례로 2002년 서해 교전 당시 전투의 주역인 해군의 참수리호에 설치된 사격통제장비(WCS)도 바로 휴니드가 국방과학연구소와 공동으로 개발한 장비로서 순수 국내 기술로 개발, 90년대 초 우리 해군에 전력화한 것이다.

주요 제품은 다음과 같다.

무기 제어 시스템 : 항공기 및 헬리콥터에서 로켓, 미사일, 포 등 다양한 무기의 발사를 제어하는 시스템이다. 데이터 링크 및 영상 전송 기능도 제공한다.

트렁크 무전기 시스템 : 기동부대와 지휘본부 간에 안전한 음성 및 데이터 통신을 제공하는 시스템이다. 다양한 주파수 대역과 암호화 모드를 지원한다.

무선 전송 장비 : 무선 주파수 또는 광 신호를 사용하여 고속 데이터를 송수신하는 장치다. 감시, 정찰, 표적 획득 등 다양한 용도로 사용할 수 있다.

원격 폭파 장치 : 무선 신호를 이용해 원격으로 폭발물을 폭파하는 장치다. 철거, 채굴 또는 대테러 목적으로 사용할 수 있다.

전기 패널 어셈블리: 스위치, 회로 차단기, 릴레이, 표시등 등 다양한 전기 장치를 패널에 통합한 부품이다. 항공기, 헬리콥터, 선박, 차량 등에 사용할 수 있다.

5. 화기, 화포, 함포 분야 한국 방위산업체

K-방산은 총기, 포병, 함포 분야에서 세계 시장의 주요 플레이어다. K-방산은 자국 군대와 다른 국가에 수출하기 위해 다양한 종류의 총기, 포병, 함포를 생산하고 있다.

주요 제품으로는 K2 및 K11과 같은 돌격 소총, K3 및 XK12와 같은 기관총, K5 및 DP512와 같은 권총, K9 썬더 및 KH1791과 같은 곡사포, 천무 및 MLRS1와 같은 로켓 발사기, 76mm 오토 멜라라 초고속 함포(SRGM) 등이 있다.

한국에는 이러한 무기 시스템 생산을 전문으로 하는 여러 회사가 있다.

이 업계의 주요 기업은 다음과 같다.

* S&T 모티브

이 회사는 소형 무기 생산을 전문으로 하는 주요 공급업체다. 돌격 소총, 기관총, 권총 및 저격 소총과 같은 다양한 유형의 소형 무기를 생산하고 있다. 주요 제품으로는 K1A 카빈, K2 돌격 소총, K3 경기관총, K5 권총 등이 있다.

돌격 소총은 근접 전투 상황에서 사용하도록 설계된 자동 또는 반자동 총기다. 반면 기관총은 장시간 지속적으로 사격할 수 있도록 설계된 완전 자동 총기다. 권총은 휴대가 간편하고 자기 방어 또는 보조 무기로 사용할 수 있는 휴대용 총기다. 저격 소총은 장거리 정밀 사격을 위해 설계된 총기다.

K1A 카빈, K2 돌격 소총, K3 기관단총, K5 권총이 주요 제품입니다. K1A 카빈은 5.56x45mm NATO 탄환을 발사하는 반자동 카빈이다. K2 돌격 소총은 5.56x45mm NATO 탄을 발사하는 선택적 발사 돌격 소총이다. K3 기관단총은 5.56x45mm NATO 탄환을 발사하는 벨트식 자동 무기다. K5 권총은 9x19mm 파라벨럼 탄을 발사하는 반자동 권총이다.

* 한화디펜스

이 회사는 국내 최대 방산업체 중 하나로 소형 무기, 포병 시스템, 함포 등 다양한 무기 시스템을 생산하고 있다. 자주곡사포, 다연장 로켓 발사기, 박격포 등 다양한 유형의 포병 시스템을 생산한다. 주요 제품으로는 K9 썬더 자주곡사포, K239 천무 다연장 로켓 발사기, K6 박격포 등이 있다.

한화디펜스의 주력 제품 중 하나는 155mm 자주포인 K9 썬더이다. K9 썬더는 최대 사거리가 40km에 달하고 분당 최대 3발을 발사할 수 있다. 폴란드, 인도, 에스토니아 등 다양한 국가에 수출되고 있다.

K239 천무 다연장로켓 발사대도 한화디펜스의 주요 제품 중 하나다. 최대 사거리 80㎞의 239㎜ 로켓을 발사할 수 있는 트럭 탑재형 시스템이다. 발사대당 최대 6발의 로켓을 발사할 수 있으며, 전체 시스템에는 최대 40발의 로켓을 탑재할 수 있다.

K6 박격포는 한국군에서 널리 사용되는 120mm 박격포 시스템이다. 최대 사거리는 7.2km이며 분당 최대 20발을 발사할 수 있다. 소규모 병력이 휴대할 수 있는 휴대용 시스템으로 다양한 장소에 신속하게 설치할 수 있다.

한화디펜스는 이 제품 외에도 소형 무기, 함포, 무인체계 등 다양한 무기 체계를 생산하고 있다.

* 현대로템

이 회사는 자주곡사포와 다연장 로켓 발사기를 포함한 장갑차 및 포병 시스템 생산에 주로하고 있다. 근접무기 체계(CIWS), 함포, 유도탄 발사기 등 다양한 종류의 함포를 생산하고 있다. 주요 제품으로는 골키퍼 함대함유도탄, 현대중공업 76㎜ 함포, 한국형 수직발사체계(KVLS) 등이 있다.

골키퍼 함대함유도탄 : 대함 미사일 및 기타 위협을 자동으로 탐지하고 교전할 수 있는 근접 무기 체계다. 분당 최대 4,200발까지 발사할 수 있는 30㎜ 개틀링 함포가 장착되어 있다. 구축함, 호위함 등 다양한 대한민국 해군 함정에 탑재되어 있다.

현대중공업 76㎜ 함포 : 고폭탄, 반장갑 관통탄, 유도탄 등을 발사할 수 있는 함포다. 최대 사거리는 16km, 최대 발사 속도는 분당 120발이다. 초계함, 초계정 등 대한민국 해군의 다양한 함정에 탑재되어 있다.

한국형 수직발사체계(KVLS) : 대공, 대함, 지대공 미사일 등 다양한 종류의 미사일을 발사할 수 있는 유도미사일 발사대다. 다양한 크기와 개수의 미사일을 수용할 수 있는 모듈식 설계를 갖추고 있다. 구축함, 호위함 등 다양한 대한민국 해군 함정에 탑재되어 있다.

* LIG넥스원

이 회사는 함포와 미사일 시스템을 포함한 다양한 방위 시스템 생산에 관여하고 있다.

한국형 다연장 로켓 시스템(K-MLRS) : 다양한 종류의 로켓을 발사하여 장거리 목표물을 타격할 수 있는 이동식 로켓포 체계다.

현무 미사일 시리즈 : 다양한 사거리와 능력을 갖춘 한국형 지대지 미사일 제품군. 여기에는 최대 사거리 1,500km의 순항 미사일인 현무-3C와 최대 사거리 500km의 탄도 미사일인 현무-2B가 포함된다.

SSM-700K 해성 : 대한민국 해군이 사용하도록 설계된 지대지 미사일이다. 사거리는 최대 150km이며 함정 또는 지상 발사대에서 발사할 수 있다.

K-SAAM(한국형 지대공 미사일) : 적 항공기와 미사일을 방어하기 위해 설계된 중거리 지대공 미사일 체계다.

SSM-751K 해성-II : 다수의 표적을 높은 정확도로 타격할 수 있는 함대함 미사일 체계다.

K-VLS(한국형 수직발사체계) : 대공, 대함, 지대공 미사일 등 다양한 종류의 미사일을 발사할 수 있는 함정 기반 미사일 발사체계.

전반적으로 이 회사들은 한국 방위 산업에서 중요한 역할을 담당하고 있으며 한국의 국가 안보에 크게 기여하고 있다. 이들은 총기, 포병 및 함포 분야에서 한국 방위 산업의 몇 가지 예다. 이 외에도 다양한 종류의 군용 무기와 장비를 생산하는 기업들이 있다.

〈전술 함대지 유도탄 발사 장면 (사진=국방과학연구소)〉

제4장

틈새시장 전략

미들급 무기의 세계 표준
K-방산의 대표급 주자들

세계 표준을 장악하다

폴란드 잭팟으로 K-방산은 세계 방산 시장의 기린아로 떠올랐다. 아무도 주목하지 않던 변방의 분단국가 한국의 무기 체계가 세계 방산 시장의 핵으로 떠오른 것이다. 불과 몇 년 전만 해도 상상도 못한 일이다.

이 책을 쓰는 동안 우리는 지인들에게 많은 질문을 받았다.

K-방산의 수준은 어느 정도인가?
K-무기의 장점은 무엇인가?
K-방산의 미래는 어떠한가?

K-방산의 성공에는 70년 분단의 아픔이 되어있다 소총 한 정만들지 못했던 나라가 자주국방을 기치로 세운 이후 반세기만에 세계 4대 방산 국가를 넘보고 있다. 물론 K-방산은 미국과 같은 최첨단 하이엔드(High-end) 무기가 아니다. 우리는 분단국가로서 방위를 위해 재래식 무기를 국산화하는 데 성공했고, 미들급(Middleweight) 무기의 세계 표준이 되어 가고 있는 것이다.

미들급 무기에서 육·해·공을 아우르는 무기 체계를 갖춘 나라는 지구상에 한국밖에 없다. 폴란드 잭팟에 이어지는 현상이 이를 증명하고 있다. K-방산은 앞으로 제2 반도체가 되어 국력 신장에 기여를 할 수 있을 것인가? 그것이 장밋빛 전망만은 아니라는 데 많은 전문가들이 한 표를 던지고 있다.

이제 그 무기 체계를 살펴보기로 하자.

미들급 무기의 세계 표준

한국은 세계 방위 산업, 특히 강력한 미들급 무기 체계개발 분야에서 중요한 플레이어로 부상했다. K-방산은 신뢰할 수 있고 비용 효율적인 다양한 첨단 군사 장비를 개발 및 수출함으로써 세계 방위 산업에서 가장 강력한 미들급 무기 체계의 세계 표준이 될 수 있었다.

K-방산이 세계 방위 산업에서 가장 강력한 미들급 무기 체계의 플레이어가 된 비결은 무엇일까?

한국이 강력한 중형 무기 체계개발의 세계적 리더로 부상한 데는 여러 가지 요인이 있다. 성공의 이유를 한 가지로 단정 짓기는 어렵지만, 다음과 같은 복합적인 요인에 기인한다.

지정학적 상황 : 북한과의 긴장 관계는 한국의 방위 산업을 발전시키는 데 중요한 역할을 했다. 북한의 지속적인 위협으로 인해 한국 정부는 방위 역량에 집중할 수밖에 없었고 첨단 군사 기술의 연구, 개발 및 생산에 우선순위를 두고 투자하게 되었다.

정부의 지원과 투자 : 한국 정부는 방위 산업을 적극 지원하여 재정 자원과 연구 자금을 제공하고 군, 산업, 학계 간의 협력을 장려해 왔다. 이는 첨단 무기 시스템 개발을 위한 강력한 생태계를 조성하는 데 도움이 되었다. 예컨대 방위사업청(DAPA)과 같은 이니셔티브가 조달을 간소화하고 혁신을 촉진하는 데 중요한 역할을 하면서 방위 산업이 빠르게 성장할 수 있었다.

기술 혁신 : 한국은 과학, 기술, 공학, 수학(STEM) 교육에 중점을 두고 있으며, 이를 통해 방위 산업에서 기술 혁신을 주도할 수 있는 숙련된 인력을 양성하고 있다. 그 덕분에 한국은 기술력이 뛰어난 것으로 유명하며 방위 산업도 예외는 아니다. 한국은 전자, 재료 과학 및 엔지니어링과 같은 다양한 분야에서 상당한 발전을 이루었으며, 이는 최첨단 무기 시스템 개발에 기여했다.

현대로템, 한화디펜스, LIG넥스원 등 한국 기업들은 첨단 중형 무기 시스템으로 유명해졌으며, 이는 전 세계 방위 산업에 새로운 기준을 제시하고 있다.

국제 파트너십 : 한국은 미국, 이스라엘, 유럽 국가와 같은 국가들과 다양한 국제 협력 및 합작투자를 해왔다. 특히 최근 들어 미국과 기술 지원, 공동 연구 및 기술이전을 제공하는 강력한 관계를 구축해 왔다. 이러한 파트너십을 통해 한국은 최첨단 기술과 전문성을 확보하여 중형 무기 체계의 역량을 더욱 강화할 수 있었다.

경쟁력 있는 가격 : 한국 방산업체들은 품질이나 성능에 타협하지 않으면서도 경쟁력 있는 가격으로 제품을 제공할 수 있었다. 이는 미국이나 러시아와 같은 전통적인 방산 강국의 제품보다 한

국 제품을 선택하는 해외 바이어들에게 한국의 중형 무기 체계를 더욱 매력적으로 만들었다.

토종 개발에 집중 : 한국은 해외 수입 의존도를 낮추고 국방 역량을 강화하기 위해 토종 무기 시스템 개발에 점점 더 집중하고 있다. 그 결과 세계에서 가장 진보된 것으로 평가받는 K-2 흑표 전차, K-9 자주포, K-21 보병전투차량과 같은 여러 첨단 시스템을 개발했다.

성공적인 수출 : 한국의 무기 체계는 세계 각국에 수출되어 다양한 전투 시나리오에서 신뢰성과 효율성을 입증했다. 한국은 다양한 국가에 방산 제품을 성공적으로 수출하여 추가 연구 개발 자금을 조달하고 글로벌 방위 산업에서 영향력을 확대하고 있다. 그 결과 한국은 신뢰할 수 있는 고품질의 미들급 무기 체계 공급국이라는 명성을 얻었으며, 세계 표준으로서의 입지를 더욱 공고히 하고 있다.

이러한 요소에 집중함으로써 K-방산은 글로벌 방위 산업의 리더로 자리매김하고 강력한 중형 무기 체계의 기준을 제시할 수 있었다. 권위 있는 스톡홀름 국제평화연구(SIPRI)에 따르면 2022년 전 세계 무기 수출 국가 순위는 1위 미국, 2위 러시아, 3위 프랑스, 4위 스페인, 5위 독일 그리고 6위에 한국이 올라섰다.

K-방산의 대표급 주자들

한국은 'K-방산'라는 기치 아래 강력한 중형 무기 체계를 개발하는 데 주력해 왔다. 그 결과 한국은 세계 방위 산업, 특히 강력한 미들급 무기 체계개발 분야에서 중요한 플레이어로 부상했다. K-방산을 대표하는 무기들은 어떤 것이 있을까?

K-디펜스를 대표하는 주요 무기 및 시스템을 간략하게 살펴보고 나서 구체적으로 섭렵해 들어가 보자.

K-방산을 빛내는 대표 주자들은 대략 다음과 같다.

K-2 블랙팬서 : 현대로템이 설계 및 생산한 3세대 최첨단 주력 전차다. 국내에서 개발한 120mm 곡사포, 복합 장갑, 능동방호체계 등 첨단 기술을 자랑한다. 하이브리드 엔진, 능동 보호 시스템, 첨단 센서 등 첨단 기술이 적용되어 세계에서 가장 진보된 전차 중 하나다.

K-9 썬더 : 한화디펜스에서 개발한 155mm 자주곡사포다. 높은 기동성, 장거리 포격 능력, 빠른 사격 속도를 제공한다. 전자동 탄약 장전 시스템, 첨단 사격 통제 시스템, 최고 속도 67km/h(42마일)가 특징이다.

K-21 차세대 보병전투차량(NIFV) : 두산 DST가 개발한 K21은 보병 부대에 우수한 화력, 기동성, 방호력을 제공하도록 설계되었다. 40mm 자동포, 첨단 복합 장갑, 사격 통제 시스템 등을 갖추고 있다.

FA-50 파이팅 이글 : 한국의 경찰, 군대 및 국방력 강화를 위해 개발된 경전투기다. 이 비행기는 KAI에서 개발되었으며, T-50계열 중 최초로 변형제작된 공격용 경전투기다. 고도 14,600m까지 비행할 수 있으며, 최대 비행 속도는 초음속 1.5배인 마하Mach 1.5다. 이 비행기는 미사일, 폭탄 및 기관포 등의 무장을 갖추고 있어 공중전 및 지상공격에 적합하다. 또한, 고급 전자장비 및 레이더 등을 장착하여 전투 효과를 극대화시킬 수 있다. FA-50 파이팅이글은 2013년부터 한국 국방부에서 운용되고 있으며, 인도, 필리핀, 태국, 폴란드 등 다수의 국가에서도 수출되고 있다.

KF-21 보라매 : KF-21은 KAI에서 개발한 5세대 전투기다. 능동 전자식 주사 배열 레이더와 적외선 탐색 및 추적 시스템 등 첨단 항공 전자장비를 갖추고 있다. KF-21은 구형 전투기를 대체하고 한국 공군의 첨단 F-35A 스텔스 전투기를 보완하기 위해 설계되었다.

KSS-III(장보고-III) 잠수함 : 대우조선해양과 대한민국 해군이 개발한 디젤-전기 추진 공격 잠수함이다. KSS-III는 첨단 전투체계,

공기불요추진(AIP), 지상 공격 순항미사일 발사 능력 등을 갖추고 있다.

천궁(아이언호크) M-SAM : LIG넥스원과 ADD가 개발한 중거리 지대공 미사일 체계다. 항공기, 헬기, 무인항공기(UAV) 등 다양한 공중 위협을 방어할 수 있도록 설계되었다.

K-239 다연장로켓 천무 : K-239 천무 시스템은 발사 차량에 장착된 다수의 로켓을 한 번에 발사하여 넓은 지역의 적 포지션에 대한 공격을 할 수 있는 능력을 갖추고 있다. 이 시스템은 전술 미사일 시스템과 비교하여 빠른 발사 시간과 재장전 시간, 그리고 국방력 증대를 위한 높은 명중률을 제공한다.

현무 탄도 미사일 : ADD와 여러 한국 기업이 개발한 단거리에서 중거리까지 다양한 사거리의 미사일로 재래식 또는 핵탄두를 탑재할 수 있다. 이러한 미사일은 북한의 잠재적 위협에 대한 강력한 억지력을 지니고 있다.

AS-21 레드백 장갑차 : AS-21 레드백은 한국에서 개발된 2021년형 장갑차로, K21이라는 별명으로도 불린다. 25mm 기관포와 7.62mm 머신건을 장착하고 있으며, 최대 8명의 승무원을 수용할 수 있다. 또한, 특히 교전 지역에서의 기동성이 뛰어나다는 특징을 가지고 있다.

청상어 잠수함 발사 어뢰 : 이 어뢰는 ADD가 주관하고 LIG넥스원이 참여하여 순수 독자기술로 10여 년에 걸쳐 개발한 잠수함 발사 어뢰로 2005년부터 실전 배치됐다. 적 잠수함, 수상함, 해안 시설물을 공격할 수 있도록 설계되었다. 이 어뢰의 사거리는 최대 45km(28마일)이며 최대 수심 1,000m(3,300피트)에서 작전할 수 있다.

1. K-9 자주포 그리고 K-10 탄약운반장갑차, K-11 사격지휘장갑차

K-9 썬더, K-10 탄약재보급차량, K-11 장갑사격지휘차량은 한국 포병체계의 핵심이다. 한국 방위산업체 한화디펜스가 개발한 이 차량들은 함께 작동하여 향상된 화력, 기동성, 지휘통제 능력을 제공한다.

* K-9 썬더 자주곡사포

K-9 썬더는 한화디펜스가 대한민국 육군을 위해 개발한 155mm 자주곡사포다. 최대 사거리는 40km, 분당 6발의 사격 속도를 자랑한다. 다양한 지형과 기상 조건에서 운용할 수 있으며 기동성과 생존성이 높다.

K-9 썬더는 1999년부터 대한민국 국군에서 운용되고 있으며 튀르키예, 폴란드, 핀란드, 인도 등 여러 국가에 수출되었다.

〈k-9 자주포 썬더〉

　2022년 말까지 K-9 썬더는 9개 국가에 1,500문 이상이 수출
되어 전 세계 자주포 시장의 절반 이상을 점유하고 있을 정도다.
세계적이 호평이 이어지면서 자주포 시장의 70% 이상을 석권하
리라는 전망도 나오고 있다.

　2010년 연평포격 도발 사건 때 K-9 자주포는 적에게 기습을
받고도 적의 공격 원점을 타격해서 반격에 성공함으로써 실전에
서 성능이 검증됐다. 이 같은 점이 다른 나라 무기들이 쉽게 가지
지 못하는 절대적 비교 우위였다는 평가다..

　K-9 썬더는 표준 탄약으로 최대 사거리가 53km에 달하며 분
당 최대 6발을 발사할 수 있는 첨단 자주포다. 전자동 탄약 처리
시스템이 장착되어 있으며, 포신을 70도까지 올릴 수 있어 산악
지형에서 효과적으로 운용할 수 있다.

　기동성 측면에서 K-9 썬더는 1,000마력 디젤 엔진으로 구동되
며 도로에서 최대 시속 67km에 도달할 수 있다. 또한 기동성이

뛰어나 가파른 경사를 오르고 물 위 장애물을 넘을 수 있다. K-9은 5명의 승무원이 운용하며 표준 NATO 탄약을 포함한 다양한 종류의 155mm 탄약을 최대 사거리 약 40km(로켓 보조 발사체 사용 시)까지 발사할 수 있다.

이 차량은 궤도형 섀시를 기반으로 하며 디젤 엔진으로 구동되며 최고 속도는 약 67km/h다. K-9에는 자동 장전 시스템이 장착되어 있어 분당 최대 6발의 고속 사격이 가능하다. 또한 최첨단 사격 통제 시스템을 갖추고 있어 정확도가 향상되고 대응 시간이 단축된다.

K-9 곡사포는 기동성이 뛰어나고 사격 속도가 빨라 공격과 방어 작전 모두에 효과적인 포병으로 알려져 있다. 전반적으로 K-9 썬더는 성능, 정확성 및 신뢰성에 대해 긍정적인 평가를 받고 있다. 아프가니스탄 전쟁, 이라크 전쟁을 비롯한 다양한 군사 작전에 사용되어 매우 효과적인 포병 시스템으로 입증되었다. 세계 최정상급 성능 덕에 K-9은 이미 방산업계 스테디셀러다.

K-9은 튀르키예, 폴란드, 인도, 핀란드 등 여러 나라에 수출돼 전투력과 효과를 전반적으로 입증했다.

K-10 장갑 탄약 재보급 차량 : K-10은 K-9 썬더 자주곡사포를 지원하도록 설계된 장갑 탄약 재보급 차량이다. K-9과 유사한 궤도형 섀시를 기반으로 제작되었으며 디젤 엔진으로 구동되어 비슷한 기동성과 속도를 제공한다.

K-10의 주요 기능은 탄약을 신속하고 효율적으로 운반하여

K-9으로 옮기는 것이다. 이 탄약 보급 장갑차는 완전 자동 탄약처리 시스템을 갖추고 있어 155mm 탄약 12발을 단 2분 이내에 이송할 수 있다. 이 기능은 K-9의 높은 사격 속도를 유지하고 재보급에 소요되는 시간을 단축하여 전반적인 작전 효율성을 높이는 데 도움이 된다.

K-10 장갑 장갑차 탄약운반장갑차는 자동 이송 장치를 이용해 K-9 자주포에 자동으로 탄약을 재보급할 수 있는 차량이다. 155㎜ 탄약을 최대 104발까지 실을 수 있으며 승무원은 2명이다.

K-10은 야전에서 K-9 곡사포를 지원하기 위해 개발된 장갑 탄약운반장갑차다. 궤도형 섀시를 기반으로 하며 K-9용 탄약을 최대 104발까지 실을 수 있다. 또한 K-10에는 크레인과 윈치 시스템이 장착되어 있어 추가 장비 없이 탄약을 싣고 내릴 수 있다. 최대 속도는 시속 63㎞이며 연료 한 탱크로 최대 480㎞까지 주행할 수 있다.

K-11 장갑화력지휘차량 : K-11 장갑화력지휘차량은 K-9 썬더 및 기타 포병 시스템의 작전 효율성을 향상시키기 위해 설계된 한국형 이동식 지휘통제 플랫폼이다. K-11은 K-9 및 K-10과 유사한 궤도형 섀시를 기반으로 제작되어 비슷한 기동성과 방호력을 보장한다.

K-11에는 첨단 디지털 통신 시스템과 전장 관리 소프트웨어가 장착되어 있어 포병 부대와 기타 지원 요소를 효율적으로 조정할 수 있다. 주요 기능으로는 표적 획득, 사격 임무 계획, 사격 통제

등이 있다. 또한 K-11은 드론, 위성, 정찰기 등 다양한 소스로부터 실시간 데이터를 수신할 수 있어 정확하고 적시에 사격을 지원할 수 있다.

K-9 썬더, K-10 탄약재보급차량, K-11 장갑화력지휘차량과 함께 한국의 지상 전투 능력을 크게 향상시키는 매우 효과적인 통합 포병 체계를 구성한다.

K-11 장갑화력지휘차량은 첨단 통신 및 컴퓨터 시스템을 이용하여 K-9 자주포에 사격지시 및 제어를 할 수 있는 차량이다. 또한 정찰, 감시, 표적 획득, 기상 관측 임무도 수행할 수 있다. 6명의 승무원이 탑승하며 12.7밀리 기관총으로 무장한다. K-9 섀시를 기반으로 하며 첨단 통신 및 표적 시스템을 갖추고 있어 현장의 다른 부대와 사격 임무를 조율할 수 있다.

K-9 자주 곡사포의 폴란드 수출은 한국이 나토 회원국에 이러한 유형의 군사 장비를 수출하는 첫 번째 사례라는 점에서 의미가 있다.

2. K-2 흑표전차

K-2 블랙팬서(K-2 Black Panther)는 한국이 개발한 현대식 주력전차이다. K-2 블랙팬서는 세계에서 가장 발전되고 성능이 뛰어난 주력전차(MBT) 중 하나로 꼽힌다. ADD가 개발하고 현대로템이 생산한 3.5세대 주력전차인 K-2 블랙팬서는 2014년에 대한민

국 육군에 배치되었다.

55구경장 120mm 활강포와 자동장전장치, 복합장갑과 폭발반응장갑, 능동방어시스템과 상부공격 지능탄 등을 갖춘 고성능 전차로 평가받고 있다.

K-2 블랙팬서의 성능은 매우 인상적이다. 높은 중량 대비 출력과 빠른 가속력을 제공하는 강력한 엔진을 탑재하고 있다. 온로드에서 최대 70km/h, 오프로드에서 52km/h의 속도에 도달할 수 있다. 또한 높이와 기울기를 조절할 수 있는 하이드로-공압식 서스펜션 시스템 덕분에 높은 기동성과 민첩성을 자랑한다.

K-2 블랙팬서는 화력과 정확도 또한 뛰어나다. 운동에너지 관통탄, 고폭 대전차탄, 다목적탄 등 다양한 종류의 탄약을 120mm 곡사포에서 발사할 수 있으며, 최대 사거리 8km의 유도미사일도 발사할 수 있다. 이 전차는 주야간 조건에서 여러 표적을 추적하고 교전할 수 있는 첨단 사격 통제 시스템과 지휘관과 사수가 독립적으로 작전할 수 있는 헌터-킬러 기능을 갖추고 있다.

K-2 블랙팬서는 미국의 M1A2 에이브럼스와 비교되기도 하는데, 양측의 장단점이 있다. 예를 들어, K-2 블랙팬서는 자동장전장치로 인해 인원수가 모자라기 때문에 오로지 한 정의 7.62mm 기관총만을 보유하고 있다. 그래서 에이브럼스가 총 화력에서 앞선다고 볼 수 있다.

반면, K-2 블랙팬서는 한국 자체 기술로 제작한 한국형 상부장갑 공격지능탄(KSTAM)을 발사할 수 있도록 설계되었다. 이 상부장갑 공격지능탄은 8km라는 매우 긴 사정거리를 지니고 있는 유도탄으로 K-2 블랙팬서는 이를 통해 더욱 효과적으로 주포를 운용할 수 있다.

K-2 블랙팬서는 또한 높은 수준의 방호력과 생존성을 갖추고 있다. 폭발성 반응 장갑 모듈이 장착된 복합 장갑은 형상 돌격탄, 운동 에너지 관통탄, 로켓 추진 수류탄 등 다양한 유형의 위협을 물리칠 수 있다. 또한 능동형 보호 시스템을 갖추고 있어 날아오는 발사체를 감지하고 요격하여 대응할 수 있다.

이 전차는 모듈식 설계로 유지보수 및 수리가 용이할 뿐만 아니라 화재 진압 시스템과 NBC 보호 시스템도 갖추고 있다.

K-2 블랙팬서의 주요 특징과 성능은 다음과 같다.

화력 : K-2는 다양한 종류의 탄약을 발사할 수 있는 120mm 평활포가 장착되어 있다. 첨단 사격 제어 시스템을 통해 전차가 고속으로 이동 중이거나 거친 지형에서도 높은 정확도와 빠른 표적 획득이 가능하다.

기동성 : 이 전차는 1,500마력 디젤 엔진으로 구동되며 최고 속도는 약 70km/h(43마일)이고 항속 거리는 약 450km(280마일)이다. 또한 고급 서스펜션 시스템이 장착되어 오프로드 주행 능력과 전반적인 기동성을 향상시킨다.

보호 : K-2는 복합 장갑과 폭발성 반응 장갑을 포함한 다층 장갑 시스템을 갖추고 있어 다양한 유형의 발사체와 대전차 무기로부터 보호할 수 있다. 또한 날아오는 발사체를 탐지하고 요격할 수 있는 능동 보호 시스템도 장착되어 있다.

네트워킹 및 통신 : 블랙팬서는 한국군의 C4I(지휘, 통제, 통신, 컴퓨터, 정보) 체계에 통합되어 다양한 부대와 플랫폼 간에 효율적인 통신, 조정, 정보 공유가 가능하다.

승무원 : 전차에는 지휘관, 사수, 운전수를 포함한 3명의 승무원이 탑승한다. K-2의 첨단 시스템과 자동화는 승무원의 업무량을 줄여주므로 승무원은 임무 수행에 필수적인 작업에 집중할 수 있다.

전반적으로 K-2 블랙팬서는 화력, 기동성, 방호 및 네트워킹 능력 측면에서 강력한 성능을 갖추고 있어 한국군의 강력한 자산으로 평가받고 있다.

3. FA-50 파이팅 이글 경폭격기

FA-50 파이팅 이글(Fighting Eagle)은 KAI와 미국의 록히드마틴(Lockheed Martin)이 공동 개발한 경폭격기다. FA-50은 T-50 고등훈련기를 기반으로 하여 만들어졌다. 기존 모델에 비해 공중전 능력을 강화하고 무기 시스템을 추가하여 경공격 임무를 수행할 수 있도록 개선되었고, 2013년부터 대한민국 공군에 배치되었다.

FA-50은 고급 훈련기인 T-50 골든 이글과 비슷한 외관을 가지고 있지만, 향상된 전투 능력과 함께 공중 지원 및 정밀 공격 역할을 수행할 수 있다. 이 전투기는 신속하게 반응하고, 낮은 비용으로 운영하며, 다양한 무기 체계를 적용할 수 있는 플랫폼을 제공한다.

FA-50은 향상된 항공전자, 더 길어진 레이돔, 전술 데이터링크, 더 커진 내부 연료 용량을 갖춘 T-50 계열의 가장 진보된 버전이다. FA-50은 공대공 전투, 공대지 공격, 정찰, 근접 항공 지원, 차단 등 다양한 임무를 수행할 수 있다. 이 항공기는 한 명의 조종사가 조종하거나 두 명의 조종사가 탠덤 좌석 배열로 조종할 수 있다.

FA-50은 최대 속도가 약 1,800km/h이며, 최대 비행 고도는 약 14,600m다. 이 전투기는 미사일, 로켓 등의 무기를 탑재할 수 있으며, 항공 지상 공격 능력을 강화하기 위해 레이더 및 전자전 시스템이 장착되어 있다. FA-50은 이스라엘의 EL/M-2032 펄스 도플러 레이더와 스나이퍼 고급 표적 포드를 장착하고 있으며, AIM-9 사이드와인더 미사일, AGM-65 매버릭 미사일, JDAM 폭탄, CBU-97 집속 폭탄, LAU 로켓 포드 등 다양한 무기를 탑재할 수 있다. 또한 동체 왼쪽에 장착된 20mm M61A1 벌컨 대포를 발사할 수 있다.

FA-50은 고도의 전자전 능력을 갖추고 있으며, 공대공 미사일, 공대지 미사일, 폭탄 등 다양한 무기를 장착할 수 있다. 대한민국 공군 외에도 몇몇 국가에서 이 전투기를 도입하고 운용하고 있다. FA-50은 주로 빠른 전투 지원과 국방 임무에 사용되며, 높은 가성비로 인해 전 세계에서 관심을 받고 있는 전투기다.

FA-50은 한국 군대뿐만 아니라 인도, 이라크, 필리핀, 태국, 인도네시아, 폴란드 등 여러 국가에 수출되어 경공격 임무를 수행하는 데 있어서 뛰어난 성능을 발휘하고 있다. FA-50은 특히 필리핀에서 대반란 및 대테러 작전과 영토 방어 임무에서 대단한 성과를 올린 것으로 유명해졌다. 폴란드는 2026년까지 이스라엘제 레이더와 전자전 시스템을 장착한 FA-50 개량형 32대를 인도받을 예정이다.

FA-50의 주요 특징 및 제원은 다음과 같다.

1. 크기와 무게
   길이 : 약 13.14m(43ft 1in)
   날개폭 : 약 9.45m(31ft 0in)
   높이 : 약 4.94m(16ft 2in)
   공허 중량 : 약 6,470kg(14,285 lb)
   최대 이륙 중량 : 약 12,300kg(27,117 lb)

2. 성능
   최대 속도 : 마하 1.5 이상(약 1,837 km/h 또는 1,140 mph)
   순항 거리 : 약 1,850 km(1,150 mi)
   최대 고도 : 약 14,630m(48,000 ft)
   상승률 : 약 198 m/s(39,000 ft/min)

3. 엔진
   엔진 : 1 × General Electric F404-GE-102 터보펜 엔진
   추력 : 17,700 lbf(78.7 kN) with afterburner

4. 무장
   기본적으로 M61A1 20mm 기관포가 장착되어 있으며, 외부 공중 무게가 약 3,800kg(8,378 lb)까지 고려된다. 이에는 다양한 미사일, 로켓, 폭탄이 포함된다.

5. 전자 및 통신 시스템
   Elta EL/M-2032 펄스 도플러 레이더
   내장형 전자전 시스템
   송수신기와 전자전 지원 장비
   다양한 항공 통신 및 데이터 링크 시스템

6. 승무원
   1인승 또는 2인승 버전이 있다.

4. AS-21 레드백 장갑차

AS-21 레드백 장갑차는 한화디펜스가 개발한 3세대 대형 첨단 보병전투차량(IFV)이다. 이 장갑차는 전장에서 보병 부대를 위해 뛰어난 기동성, 화력 및 보호 기능을 제공하도록 설계되었다. AS-21 레드백은 2010년대 초 한국의 노후화된 K200 계열 상륙돌격 장갑차를 대체하기 위해 개발이 시작되었다. 이 차량은 주로 경량화와 기동성이 강화된 차량을 개발하는 것을 목표로 여러 단계의 테스트와 평가를 거쳐 현재에 이르렀다. AS-21 레드백 장갑차는 호주 육군의 LAND 400 3단계 프로그램에 참여하면서 세계의 주목을 받기 시작했다. 2019년 10월 한화디펜스는 호주 국방부와 RMA(Risk Mitigation Activity) 계약을 체결하였으며, 2020년부터 2021년까지 3대의 시제차를 호주에 전달해서 AS-21 레드백을 개량한 수출형 장갑차를 개발하고 있다. 이때 한화디펜스는 AS-21에 레드백(Redback)이라는 이름을 붙였는데, 레드백은 호주의 유명한 독거미인 붉은등과부거미를 뜻한다.

AS-21 레드백은 45톤급의 대형 장갑차로, 고속도로 및 비포장도로에서 뛰어난 기동성과 핸들링을 자랑한다. 최고 속도는 100km/h에 이르며, 최대 주행 거리는 800km에 이른다. 또한 차량은 최대 2.5m 깊이의 수중을 건널 수 있는 수중 통행 능력을 갖추고 있다. 이 차량은 승무원 3명과 승객 9명을 수용할 수 있다. 독일의 레오파드 2A7+ 장갑차와 비슷한 레이아웃을 가지고 있다. 주요 무기로는 7.62mm 기관총이나 30mm 기관포를 장착할 수 있으며, 추가적으로 대공 미사일도 탑재할 수 있다.

이 전차에는 모듈식 장갑 시스템이 장착되어 있어 다양한 위협에 대비해 추가적인 보호 기능을 추가할 수 있다. 또한 레드백에는 고급 서스펜션 시스템이 장착되어 있어 거친 지형도 쉽게 통과할 수 있다. AS-21 레드백은 다양한 역할을 수행할 수 있도록 설계되었으며, 기본적으로 전투차량, 지휘차량, 회복차량 등 다양한 변형이 가능하다.

AS-21 레드백 장갑차에 장착된 상황인식 카메라와 '아이언 비전' 헬멧 전시기는 주변 360도 상황을 촬영해 주변을 쉽게 파악할 수 있으며 시스템이 자체적으로 합성한 뒤 지휘관이 쓴 헬멧으로 전송한다. 생존성 향상을 위해 능동위상배열레이더(AESA)를 이용해 장갑차로 접근하는 적 대전차미사일 등을 포착·요격하는 '아이언 피스트(Iron Fist)' 능동방어기술를 탑재했다. 이 기술은 이스라엘 엘빗 시스템즈의 기술이며 장갑차 주변을 360도 전방위로 감시해 차량 상부를 노리는 방식의 대전차무기에도 대응할 수 있다. 또 급조폭발물·지뢰 등으로부터 탑승 인력을 보호할 수 있는 차체 설계와 지뢰 방호시트도 장착했다. AS-21 레드백은 전장에서의 실제 성능을 보장하기 위해 다양한 조건에서 테스트를 거쳤다. 이 장갑차에는 첨단 사격 통제 시스템이 탑재되어 있어 승무원이 높은 정확도로 표적을 공격할 수 있다.

레드백에는 철제 궤도가 아닌 고무 궤도가 장착되었고 K9 자주포가 사용하는 파워팩을 그대로 사용했다. 고무 궤도는 내구성이 높아 정비 수요는 최대 80% 줄어들고 차량 경량화로 연료를 30% 가까이 아끼는 장점이 있다. 또 주행 때 철제 궤도 차량 대비 진동은 최대 70% 줄여 주며, 소음도 현저히 감소시킨다.

AS-21 레드백은 2020년 4월 한국 육군의 핵심 장비로 승인되었고 현재 한국군에 실전 배치되어 있고 한국군에서 인프라 보호, 지상 전투, 교통 대원 및 지원 임무 등에 사용되고 있다. 이 차량은 수출을 위해 튀르키예, 인도네시아, 태국, 일본 등의 국가들과 협상 중이다.

5. 천궁-II (天弓, KM-SAM) 탄도탄 요격용 미사일

천궁-II는 한국의 중거리 지대공 탄도미사일로, 한국의 미사일 방어 체계에 중요한 역할을 하는 무기다. 1999년 천궁-I 사업이 시작되어 개발 초기에는 러시아의 S-400 지대공 미사일(9M96E)의 기술을 도입했다. 천궁-II의 개발은 2000년대 초반 ADD의 주도로 시작되어 2010년대 중반에 완료되었다. 이는 천궁-I의 후속

〈KM-SAM 천궁2〉

작업으로 개발된 것으로, 2011년에 최초의 발사 실험이 이루어졌
으며, 2015년에는 초기 운용 능력을 인증받았다.

노후화된 미국 나이키 미사일과 호크 대공미사일을 교체하려
새 미사일 개발을 시작했지만, 궁극적으로는 북한의 탄도미사일
까지 요격할 수 있는 '한국형 패트리엇' 미사일을 만드는 것이 목
표였다. 이 시스템은 패트리어트 및 고고도미사일방어(THAAD) 시
스템과 같은 다른 미사일 방어 시스템도 포함하는 한국형 미사일
방어(KAMD) 네트워크의 일부다. 개발 과정에서 미국과의 기술 협
력도 이루어졌으며, 한국의 독자적인 미사일 기술 발전을 위한 중

요한 계기가 되었다.

천궁-II는 다음과 같은 첨단 기능을 자랑한다.

확장된 사거리 : 미사일의 사거리는 약 150km로 추정되며, 잠재적 위협에 대한 방어 범위를 넓힐 수 있다.

명중 요격 : 이 시스템은 직접적인 충격으로 날아오는 표적을 파괴할 수 있는 명중 요격 미사일을 사용하여 요격 성공 가능성을 높인다.

능동전자식주사배열(AESA) 레이더 : 천궁-II는 향상된 탐지, 추적 및 표적화 기능을 제공하는 능동전자식주사배열(AESA) 레이더를 활용한다. 천궁-II는 AESA 레이더와 열탐지기를 통해 다중 목표를 동시에 감지하고 추적할 수 있으며, 자체 유도 시스템으로 적의 전자파 방해에도 영향을 받지 않는다.

천궁-II MFR(다기능레이더)은 기존 천궁 MFR의 성능을 개량한 것이다. 항공기뿐만 아니라 탄도미사일까지 교전 기능 복합 임무를 단일 레이더로 수행할 수 있다.

기동성과 반응 시간 개선 : 천궁-II는 이동식 발사대와 지휘통제 차량으로 구성되어 있으며, 급속하게 배치하고 재배치할 수 있다. 이 시스템은 8x8 바퀴가 달린 섀시에 장착되어 이전 모델에 비해 향상된 기동성과 짧은 반응 시간을 제공한다. 또한, 천궁-II는 실시간 전술 정보를 수집하여 이를 기반으로 작전을 수행할 수 있는 C4I(Command, Control, Communication, Computer, Intelligence) 시스템과 연계된다. 이를 통해 천궁-II의 운용 효율성과 작전 능력이 크게 향상되었다.

2016년부터 천궁-II는 대한민국 군대의 핵심 무기 시스템으로 운용되어왔다. 이를 통해 대한민국 군대는 대기권 내 탄도탄을 탄두와 함께 제거할 수 있는 능력을 갖추게 되었다.

천궁-II는 미국의 패트리어트 PAC-3와 유사한 성능을 가지고 있으나, 가격은 절반 정도로 저렴하다. 천궁-II는 한국의 자체 기술로 개발된 미사일로, 국제 제재나 외교적 압력에 구애받지 않고 수출할 수 있는 장점이 있다.

2019년 한국과 인도네시아는 인도네시아 방공 체계에 천궁-II를 통합하는 방안에 대한 공동 연구를 위한 양해각서(MOU)를 체결했다.

2022년 1월 16일, 한국은 UAE와 천궁-II 수출계약을 체결했는데 계약 규모는 35억 달러(약 4조 1000억 원)로 방산 수출 역사상 역대 최대 규모였다.

6. K-239 다연장로켓 천무

K-239 다연장로켓 천무 미사일은 북한의 장거리 포격 위협에 대응하기 위해 개발한 이동식 다연장로켓 시스템이다. 이 미사일은 한국의 전략적 요구에 맞추어 지상전 지원용 무기로 개발되었으며, 기존에 사용하던 미국의 MLRS(Multiple Launch Rocket

<k-239 천무 다연장로켓>

System)와 비교할 수 있는 성능을 목표로 했다. 2006년에 개발을 시작하여 2013년에 완성했으며, 2015년부터 한국 공군에 실전 배치되었다.

K-239 다연장로켓 천무 미사일은 대공 미사일 시스템으로, 중장비를 이용해 런처에서 발사된다. 이 미사일은 고고도에서 대기 중에 있는 공기를 이용해 기동성을 높인 방식으로 작동한다. 또한 다양한 시스템과 융합하여 사용할 수 있는 총탄길이 4.9m, 지름 0.3m, 중량 220kg로 구성되어 있다. 최고 속도는 마하 4 이상으로, 높은 기동성과 사거리를 가지고 있다.

사거리 : K-239 천무의 사거리는 최대 80km에서 290km로 추정되며, 이는 한반도 전역에 대응할 수 있는 범위다. 다양한 사거

리와 함께 고정밀 유도 무기와 함께 사용할 수 있어 전략적 목표물에 대한 정밀 타격 능력을 갖추고 있다.

탄두 : 고성능 폭발물과 첨단 유도 기술을 사용하여 정밀 타격이 가능하다.

발사대 : 다연장 발사대를 사용하여 빠른 시간 내에 여러 발의 미사일을 발사할 수 있다.

이동식 발사대 : 전술적 이동이 가능한 발사대를 사용하여 전장에서 빠르게 위치를 변경할 수 있다. K-239 천무 시스템은 발사 차량에 장착된 다수의 로켓을 한 번에 발사하여 넓은 지역의 적 포지션에 대한 공격을 할 수 있는 능력을 갖추고 있다. 이 시스템은 전술 미사일 시스템과 비교하여 빠른 발사 시간과 재장전 시간, 그리고 높은 명중률을 갖추고 있다.

실전 성과 : K-239 천무 다연장로켓 미사일은 국내외 위협에 대응하고 전력 밸런스를 확보하는 데 큰 역할을 하고 있다. 군사훈련 및 시험에서 정밀 타격 및 높은 안정성을 입증하였으며, 한국군 군사력을 한 단계 더 강화하는 무기 시스템으로 평가받고 있다. 천무는 18문이 1개 대대를 이루며 군단급에서 요구하는 강력한 화력을 제공한다. 천무는 기본적으로 M270 MLRS와 유사하다. M270 MLRS는 미군 최고 화력의 다연장로켓으로 걸프전에서 활약해 '강철비'라는 별명을 얻었다. K-239는 강철비보다 훨씬 더 빠르고 정확한 공격이 가능하다. 천무는 킬체인에서 중요한 타격 체계 중 하나로, 특히 포병대대 전술사격지휘체계(Battalion Tactical Command System·BTCS)를 갖춰 C4I 체계와 연동해 신속

하고 정확하게 표적을 제압할 수 있다. 특히 사격반응시간이 90여 초에서 16초대로 줄어드는 등 뛰어난 역량을 발휘한다.

2017년 1개 대대 분이 아랍에미리트로 판매됐다. 2022년 10월, 한국은 폴란드와 천무 다연장로켓 발사대 288대와 유도탄 수출을 위한 기본계약(Framework Contract)을 체결했다. 그 밖에도 몇몇 동남아시아 국가와 중동 지역 국가에 수출되고 있다.

7. 신궁(新弓, KP-SAM) · 현궁(晛弓, AT-1K Raybolt) 휴대용 미사일

신궁은 ADD와 LIG넥스원이 공동으로 개발한 휴대용 대공 미사일로, 1995년부터 개발을 시작하여 2015년에 완성되었다. 현궁도 ADD와 LIG넥스원이 공동으로 개발한 휴대용 대전차 미사일로, 2007년부터 개발을 시작하여 2015년에 완성했다.

말하자면 신궁과 현궁은 지대공, 지대지 개인화기란 점에서 쌍둥이처럼 태어난 개인 화기인 셈이다.

신궁 : 신궁은 최대 사거리가 7km이고, 최대 비행고도가 3.5km인 유도 미사일로, 적의 항공기나 헬리콥터를 정밀하게 타격할 수 있다. 저고도 항공기 및 헬기와 교전할 수 있도록 설계되어 있다. 사거리는 약 7km(4.3마일), 최대 고도는 약 3.5km(2.2마일)이다. 이 미사일은 적외선 탐색기를 사용하여 유도하며 고폭발성 파편 탄두를 장착하고 있다.

신궁은 불꽃과 연기를 방출하지 않는 솔리드 연료 로켓 엔진을 사용하며, 적의 전자파 방해에도 영향을 받지 않는 적외선 유도 시스템을 갖추고 있다.

신궁은 거치대 방식을 채용해 발사 후 적외선 유도 방식에 목표물 근처에만 가도 폭발하는 '근접신관'을 채용해 적기를 효율적으로 격추시킬 수 있다. 발사대를 사용하는 거치형이지만 발사기와 결합해 차량이나 헬기 등에서도 운용할 수 있다.

현궁 : 현궁은 보병 휴대용 중거리 대전차 미사일로, 유도탄 체계개발 및 생산은 LIG넥스원, 발사대 개발 및 생산은 한화에서 맡고 있다. 최대 사거리가 2.5km이고, 최대 비행속도가 마하 2.1인 유도 미사일로, 적의 전차나 장갑차량을 정밀하게 타격할 수 있다. 현궁은 불꽃과 연기를 방출하지 않는 솔리드 연료 로켓 엔진을 사용하며, 적의 전자파 방해에도 영향을 받지 않는 적외선/자외선 유도 시스템을 갖추고 있다.

현궁은 소형전술차량(KLTV)에 2연장 발사기를 결합해 대전차 소대에서 주로 운용한다. 뛰어난 성능에 비해 가격도 저렴하다. 재블린 미사일 1발이 거의 3억 원에 이르는 반면 현궁의 가격은 1발당 1억 원 정도다. 현궁은 양산되자마자 세계 각국의 관심을 한 몸에 받았다. 사우디아라비아가 제일 먼저 수입했으며, UAE도 도입했다.

특징 : 신궁과 현궁은 모두 한국의 자체 기술로 개발된 미사일

로, 국제 제재나 외교적 압력에 구애받지 않고 수출할 수 있는 장점이 있다. 신궁과 현궁은 모두 낮과 밤, 좋은 날씨와 나쁜 날씨에 상관없이 발사할 수 있으며, 친구와 적을 구분하는 IFF 시스템을 갖추고 있다. 신궁과 현궁은 모두 발사대와 열화상 조준기로 구성되어 있으며, 발사대는 트라이포드나 차량에 장착할 수 있다.

한국은 신궁과 현궁을 아랍에미리트(UAE)와 인도네시아를 포함한 여러 국가에 이 미사일 시스템을 수출했다.

8. 잠수함, 군함

한국은 지난 몇 년간 해군 함정 및 잠수함 분야에서 큰 발전을 이루었다. 예를 들어, 한국은 2020년에 개발한 최신형 잠수함인 '대한민국 해군 214급 잠수함'을 선보였다. 이 잠수함은 수면에서의 최대 속력이 20노트, 잠수 시 최대 속력이 20노트 이상, 최대 운용 깊이가 400미터, 유인 이동 효과가 우수하다는 특징을 가지고 있다.

또한, 한국은 해군 함정 분야에서도 큰 발전을 이루고 있다. 2021년에 개발한 '대한민국 해군 3000톤급 잠수함 구축사업'을 추진했다.

한국은 이처럼 탄탄한 방위산업을 보유하고 있으며 잠수함 및 해군 함정 개발에서 상당한 진전을 이루었다.

한국의 잠수함 및 해군 함정 개발은 1980년대 독일로부터 기술

〈세종대왕 이지스함〉

을 도입하여 자체적으로 잠수함을 건조하기 시작하면서 시작되었다. 이후 장보고급, KSS-II급, 현재 개발 중인 KSS-III급 등 다양한 종류의 잠수함을 개발했다. 한국은 호위함, 구축함, 상륙함도 생산하고 있다.

1990년대에 취역한 장보고급 잠수함은 대한민국 최초의 국내 건조 잠수함이다. 배수량 1,200톤의 디젤-전기식 잠수함으로 최대 16발의 어뢰와 32발의 기뢰를 탑재할 수 있다. 2000년대 초에 취역한 KSS-II급은 장보고급을 개량한 것으로 공기불요추진(AIP) 기술을 탑재해 수중 내구성을 높인 잠수함이다. 배수량은 1,800톤이며 최대 18발의 어뢰와 44발의 기뢰를 탑재할 수 있다. 현재 개발 중인 KSS-III급은 배수량 3,000톤에 AIP, 수직발사체계

(VLS) 등 첨단 기술이 탑재될 예정이다.

호위함과 구축함 등 한국 해군의 함정에는 대함 미사일, 대공포, 어뢰관 등 첨단 무기 체계가 탑재되어 있다. 2000년대 중반 취역한 독도급 상륙함은 최대 720명의 해병대를 태울 수 있으며 상륙정과 헬기를 탑재할 수 있다.

한국의 잠수함과 해군 함정은 아직까지 주요 분쟁에 연루된 적은 없지만 감시 및 억지 목적으로 배치되어 왔다. 예를 들어, 한국 잠수함은 북한 해군 활동을 감시하고 정보를 수집하는 데 사용되었다. 또한 한국 해군 함정은 상호 운용성과 전투 준비태세를 강화하기 위해 미국 및 기타 국가와의 합동 군사 훈련에 참가해 왔다.

장보고급 잠수함 : 한국의 대우조선해양(DSME)이 대한민국 해군(ROKN)을 위해 개발한 디젤-전기식 공격 잠수함이다. 이 잠수함의 이름은 통일신라 시대 장군이었던 역사적 인물, 장보고의 이름을 따서 명명되었다. 장보고급 잠수함은 배수량 3,000톤, 잠수 시 배수량 3,600톤이다. 어뢰와 대함 미사일, 기뢰 등을 탑재하고 있으며, 최대 속력은 수면 위에서는 20노트, 잠수 시에는 25노트다.

독도급 상륙함 : 대우조선해양이 대한민국 해군을 위해 개발한 상륙함이다. 대한민국 영토이나 일본이 영유권을 주장하는 동해의 작은 섬 독도의 이름을 딴 함정이다. 독도급 상륙함은 배수량 14,000톤으로 최대 720명의 병력과 전차 10대, 헬기 또는 수직

이착륙(VTOL) 항공기 10대를 탑재할 수 있다. 또한 30mm 함포가 장착되어 있으며 우물 갑판에서 상륙정을 발사할 수 있다.

이지스 구축함 세종대왕함 : 현대중공업이 대한민국 해군을 위해 건조한 유도 미사일 구축함이다. 세종대왕함은 한글 창제의 공로를 인정받은 조선의 임금 세종대왕의 이름을 따서 명명되었다. 세종대왕함은 배수량 9,000톤으로 여러 표적을 동시에 추적하고 교전할 수 있는 이지스 전투체계를 비롯한 다양한 무기 체계를 탑재하고 있다. 또한 미사일, 어뢰, 대함 미사일을 발사할 수 있다.

K-방산이 세계 방산 시장의 주요 플레이어로 부상하는데 잠수함과 해군 함정도 일익을 담당했다. K-방산은 인도네시아, 페루, 튀르키예를 포함한 여러 국가에 잠수함과 해군 함정을 수출했다. 2020년에 한국은 필리핀과 3억 1,600만 달러 규모의 초계함 2척을 공급하는 계약을 체결했다. 한국의 방산 수출 성공은 첨단 기술과 경쟁력 있는 가격 덕분이다.

제5장

새로운 길을 개척하다

K-방산은 미사일 방어 시스템, 해군 함정, 항공기, 전자제품 등 다양한 분야에서 첨단 기술을 개발해 왔다. K-방산은 세계적으로 우수한 성능과 합리적인 가격, 정확한 납품 등을 바탕으로 무기 수출시장에서 큰 성공을 거두고 있다.

최근 글로벌 시장에서의 성공은 다른 국가들의 주요 방산 업체들과 효과적으로 경쟁할 수 있는 경쟁력 있는 수준에 도달했음을 나타낸다. K-방산은 전차, 자주포, 전투기 등의 중량급 무기 체계에서 강력한 경쟁력을 보이고 있다.

K-방산은 2010년 연평도 포격 사건과 같은 실제 전투 상황에서 시험과 검증을 거쳐 신뢰성과 적응력이 뛰어나다는 것을 입증했다. 특히 선진국의 유사 무기보다 저렴한 가격에 고품질, 고성능 무기를 제공하는 비용이 효율적이고 경쟁력 있는 무기다. 게다가 K-방산은 미래 무기 체계, 국방 로봇 및 무인체계, 차세대 전차, 근접 무기 체계, 우주산업 등 다양한 분야에 걸쳐 혁신적이고 다양하다.

'폴란드 잭팟' 이후 K-방산의 수준은 세계 최고 수준에 근접하거나 동등하다고 평가받고 있다. 예를 들어 K2 전차는 미국의 M1 에이브람스 전차보다 우수하다는 평가를 받았으며, FA-50 경공격기는 F-35와 비슷한 기능을 저렴한 가격에 제공한다는 장점이 있다.

또한, 현무 시리즈와 천궁 시리즈 등의 미사일 체계도 독자 개발한 기술력을 인정받아 K-방산은 앞으로도 세계 시장에서 더욱 환대를 받을 것으로 기대된다. 앞으로 중동과 유럽, 동남아시아 등의 국가들과의 협력을 통해 산업 생태계를 구축하고 방산 수출을 확대할 계획이다.

우리는 이 책을 마무리하는 시점에서 K-방산이 글로벌 4위에 오를 날이 그다지 멀지 않은 것 같다는 신념이 생겼다.

K-방산의 유럽 허브, 폴란드

폴란드를 '유럽 허브'로 만들기 위한 현지화 전략

2022년 K-방산은 폴란드 대박을 터뜨리며 세계 방산 시장의 기린아로 떠올랐다. 아무도 주목하지 않던 변방의 분단국가 한국의 무기 체계가 세계 방산 시장의 핵심으로 부상한 것이다. K-방산이 폴란드에서 대박을 터뜨렸다는 것은 한국의 방위 산업이 글로벌 무대의 선두에 서서 영향력 있는 플레이어가 되었다는 것을 의미한다.

한국은 폴란드와 중요한 방산 계약과 파트너십을 체결한 이후, 발 빠르게 폴란드를 K-방산의 '유럽 허브'로 만들기 위한 전략에 몰두하고 있다. 폴란드를 K-방산의 유럽 허브로 만들기 위한 첫 번째 전략은 기술이전을 통한 현지화 전략이다.

이 전략은 폴란드뿐만 아니라 K-방산 수출국 거의 대다수가 반기는 전략이다. 이미 한국과 폴란드 방산업체들은 새로운 방산 시스템과 제품을 개발 및 생산하기 위해 합작 투자 및 연구 프로젝트에 협력하고 있다. 이러한 협력에는 전문 지식 공유, 연구 개발 투자, 현지 생산 시설 지원 등이 포함되며, 이를 통해 일자리 창출과 폴란드의 방위 산업을 활성화할 수 있다.

특히 한국의 폴란드 현지화 전략에는 다양한 분야에서 양국 간

협력을 강화하기 위한 몇 가지 실질적 협력 사례가 포함되어 있다.

우선 폴란드 국방부는 K-2 탱크, K-9 자주포, FA-50 경전투기를 포함한 한국 무기의 대형 패키지를 구매하고 라이센스하에 폴란드에서 일부 무기를 제조할 것을 발표했다. 이미 살펴보았지만, 폴란드는 한국에서 980대의 K-2 전차, 648대의 자주곡사포, 48대의 FA-50 전투기 구입을 결정 계약했고, 이 중에 일부는 폴란드 현지 기업에서 라이선스를 받아 생산하기로 한 것이다.

그런데 일은 거기서 끝나지 않는다. 한국의 현지화 전략에는 무기 체계의 기술이전, 현지 생산 역량 강화뿐만 아니라 부동산 개발, 원자력 발전소 건설, 공항 건설 등 전방위적인 분야에서 합작투자가 추진되고 있다. 실제로 한국과 폴란드 사이에는 수많은 교류사업의 물꼬가 터지고 있다.

한국의 인천공항은 항공, 철도, 도로 교통을 통합하는 주요 환승 허브인 폴란드 중앙교통항만 계획의 전략적 파트너가 될 예정이다. 또한 한국의 한국수력원자력은 폴란드가 에너지 믹스를 다변화하고 석탄 의존도를 줄이기 위한 노력의 일환으로 폴란드 최초의 원자력 발전소 건설을 돕겠다고 제안했다.

그렇다면 한국은 어떻게 폴란드를 K-방산의 '유럽 허브'로 만들기 위한 전략을 짜고 있는 것일까? 구체적 전략을 몇 가지로 나누어서 살펴보자.

첫째, 기술이전을 통한 현지 생산이다.
한국은 K-방산 파트너십의 일환으로 미사일 방어 시스템, 레이더 시스템, 첨단 군사 장비 등 첨단 무기 기술을 폴란드에 이전하고 있다. K-방산업체들은 폴란드에 현지 생산 시설을 설립함으로써 제조 비용을 절감하고 물류를 간소화하며 현지 주민들을 위한 일자리 기회를 창출할 수 있다고 믿고 이를 추진하고 있다. 한국은 K-방산 파트너십의 일환으로 미사일 방어 시스템, 레이더 시스템, 첨단 군사 장비 등 첨단 무기 기술을 폴란드에 이전하고 있다. 이러한 기술이전을 통해 폴란드는 자체적으로 첨단 방위 시스템을 개발 및 생산하고 군사 역량을 강화할 수 있을 것이다.

'K-2 PL1'이라는 현지화 프로젝트의 조건에 따라 한국에서 K-2 전차 180대를 수입하여 2026년부터 폴란드에서 800대를 생산한다. K-9 자주곡사포도 'K-9 PL1'이라는 이름의 현지화 프로젝트가 진행 중이다. K-9 자주곡사포는 48대를 한국에서 수입하고 2024년부터 폴란드에서 600대를 생산할 계획이다. 이러한 기술이전을 통해 폴란드는 자체적으로 첨단 방위 시스템을 개발 및 생산하고 군사 역량을 강화할 수 있을 것이다. 현지화를 통한 기술이전 전략이 70년간 어렵사리 쌓아온 노하우를 지나치게 퍼주는 것이 아니냐는 비판도 있지만 K-방산업체들의 이러한 접근 방식은 현지에서 한국 기업과 제품에 대한 호감도를 높이고 있다.

둘째, 유럽 시장을 위한 커스터마이징 전략이다.

한국과 폴란드 방산업체들은 새로운 방산 시스템과 제품을 개발 및 생산하기 위해 합작 투자 및 연구 프로젝트에 협력하고 있다. 이러한 협력에는 전문 지식 공유, 연구 개발 투자, 현지 생산

시설 지원 등이 포함되며, 이를 통해 일자리 창출과 폴란드의 방위 산업을 활성화할 수 있다. 나아가서 폴란드가 K-방산의 '유럽 허브'가 된다면 폴란드 주변의 '비세그라드 그룹'에 속하는 국가인 체코·헝가리·슬로바키아에도 영향을 주게 될 것이다. 이들 동국권 국가들은 바르샤바 조약기구 옛 회원국이지만 이제는 나토의 회원국으로서 러시아제 무기 체계를 벗어나 서방 무기 체계로의 전환을 꾀하고 있는 시점인데 K-방산이 그 적임자 역할을 수행할 수 있을 것이다. 이들 '비세그라드 그룹' 4개국 외에도 발트해 3개국인 라트비아·에스토니아·리투아니아도 K-방산에 지대한 관심을 갖고 있다. 이들 국가들은 나토 가입을 하기는 했으나 러시아와 국경을 접하고 있다는 지정학적 위험에 상시 노출되어 있다. 그중 에스토니아는 이미 K-9 자주포 구입한 바 있다.

K-방산업체들은 유럽 고객들에게 더 매력적인 제품을 제공하기 위해 기술과 시스템을 유럽 지역의 특정 요구와 요건에 맞게 조정하는 데 주력하고 있다. 여기에는 서방 무기 체계, 즉 유럽 표준 및 규정을 준수하기 위해 제품을 수정하고 유럽 방위 기관의 선호도에 맞는 첨단 기술을 통합하는 것이 포함된다.

셋째, 과감한 R&D 투자다.

K-방산업체들은 유럽 시장에 맞는 첨단 방산 솔루션을 개발하기 위해 연구개발에 많은 투자를 진행하고 있다. 특히 폴란드 현지 연구기관 및 대학과의 협력을 통해 폴란드의 기존 지식 기반과 과학적 전문성을 활용하여 혁신적인 방산 기술을 개발하는 노력을

경주하고 있다. 한화그룹은 폴란드 바르샤바에 한화에어로스페이스 지사를 설립하고 과감한 현지화 R&D 투자를 실행하고 있다.

넷째, 유럽 방위 프로그램에 적극 참여하는 전략이다.

K-방산업체들은 유럽 방산 프로그램 및 이니셔티브에 적극적으로 참여함으로써 유럽 지역에 대한 의지를 보여주고 유럽 방산 산업의 주요 이해관계자들과의 관계를 강화하고 있다. 한국은 유럽상설구조협력(PESCO) 또는 유럽방위기금(EDF)과 같은 유럽 방산 이니셔티브에 참여함으로써 유럽연합 회원국 및 기타 방산 이해관계자들과의 관계를 강화할 수 있다. 또한 이 전략은 기술 혁신과 전문성에 대한 유럽 방위 산업의 명성을 고려할 때 특히 중요하다. 이러한 참여는 한국 기업에게 유럽 방위 프로젝트의 필요와 요구 사항에 대한 귀중한 통찰력을 제공할 수 있을 것이다.

다섯째, 마케팅 및 브랜딩 전략의 극대화다.

K-방산업체들은 유럽에서 브랜드 입지를 구축하기 위해 타깃 마케팅 캠페인과 노력을 기울이고 있다. 2023년 초, 거의 확정적이라고 여겨졌던 K-전차의 노르웨이 수출이 좌절되면서 한국은 방산 전시회, 무역 박람회, 콘퍼런스 참가, 디지털 플랫폼과 소셜 미디어를 활용한 제품 및 서비스 홍보에 더욱 공을 들이고 있다. K-방산은 유럽의 주요 방산 전시회 및 콘퍼런스에 지속적으로 참가하여 제품과 기술을 선보임으로써 한국 방산 기업의 인지도를 높이고 잠재적 파트너와 네트워크를 형성하며 유럽 시장에 대한

의지를 보여주어야 한다.

여섯째, 판매 후 지원 사업이다.

K-방산의 최대 장점은 판매 후 지원 사업이라고 볼 수 있을 것이다. K-방산은 누구도 쫓아오지 못할 유지보수, 수리, 교육 서비스를 포함한 종합적인 애프터서비스 지원 능력을 갖추고 이를 제공함으로써 여러 나라 고객과 장기적인 관계를 구축하고 제품 수명 주기 동안 제품의 신뢰성과 효율성을 유지할 수 있도록 지원하고 있다.

이러한 현지화 전략, 특장점을 통해 K-방산업체들은 폴란드를 K-방산의 '유럽 허브'로 만드는 동시에 유럽 방산 시장의 막대한 잠재력을 활용하고 이 지역에서 강력한 입지를 구축할 수 있을 것이다. 한국은 산업화 이후 공격적인 수출 전략을 짜서 선진국 지위에 도달했듯이 K-방산에서도 돌격적 수출 전략을 펼쳐나가고 있다.

이미 K-방산업체들은 폴란드를 K-방산의 '유럽 허브'로 만들기 위한 플랜을 가동 중이다.

민간부문 협력으로 이어지는 시너지 효과

폴란드를 K-방산의 '유럽 허브'로 만들기 위한 플랜 중에는 다음과 같은 플랜도 속해 있다.

원자력 발전소 건설 : 한국은 폴란드와 원자력 발전소 건설을 위해 협력하고 있으며, 원자력 에너지에 대한 전문성을 공유하고 있다. 이 파트너십은 폴란드가 에너지원을 다변화하고 온실가스 배출을 줄이며 에너지 안보를 강화하는 데 도움이 될 것이다. 또한 원자력 발전소 건설은 새로운 일자리를 창출하고 경제 성장을 촉진할 것이다. 문재인 정부의 탈원전 정책으로 한때 원전 생태계가 위기에 처했지만, 윤석열 정부가 들어서면서 탈원전 정책이 폐기되고 원전 진흥 정책이 원상회복의 길로 접어들 것으로 예상된다.

2021년 국제원자력기구(IAEA) 보고서에 따르면 전 세계에서 원전을 운영하는 나라는 33개국이며, 이 가운데 미국이 원전 발전량 1위를 차지하고 있고, 프랑스, 중국, 일본, 러시아가 그 뒤를 잇고 있고. 한국은 6위다. 2022년 7월 5일, 윤석열 정부는 '새 정부 에너지 정책 방향'을 발표하면서 2030년까지 원전 10기를 수출하겠다고 선언했다. 이는 한국이 독자 개발한 3세대 원전 모델인 APR1400이 세계 최저 수준의 건설비용과 우수한 안전성을 갖추고 있어 수출 경쟁력이 높다는 평가를 받고 있기에 가능한 플랜이라고 보여진다.

공항 건설 : 한국과 폴란드는 폴란드의 공항 개발 및 업그레이드를 위한 전략적 파트너십을 체결했다. 이번 협약에 따라 한국 기업들은 폴란드의 신규 공항을 건설하고 기존 공항을 기존 공항 현

대화 사업에 참여하고 있다. 또한 폴란드의 세계 최고 수준의 항공 인프라 개발을 위해 최첨단 기술, 첨단 장비, 숙련된 인력을 제공할 예정이다. 한국 기업들은 폴란드의 항공 인프라 개발을 위해 전문성, 기술, 투자를 제공할 것이다. 이 파트너십은 폴란드와 다른 유럽 국가들과의 연결성을 강화하여 무역, 관광 및 투자 기회를 확대하는 것을 목표로 한다.

부동산 개발 : 지난 몇 년 동안 한국 기업들은 폴란드에서 상업용, 주거용, 산업용 부동산을 포함한 부동산 프로젝트에 투자하고 있다. 이러한 추세는 폴란드의 경제 성장, 유럽 내 전략적 위치, 다른 EU 국가에 비해 상대적으로 저렴한 부동산 가격 등 여러 요인에 의해 촉진되었다. 이러한 투자는 폴란드의 도시 인프라 현대화, 대중교통 시스템 개선, 저렴한 주택 공급, 도로망 확장 등 경제 성장 촉진에 도움이 될 것이다. 폴란드 부동산 프로젝트에 대한 한국의 투자는 폴란드의 경제 성장에 기여할 수 있는 잠재력이 매우 높다. 이러한 투자는 도시 인프라 현대화, 저렴한 주택 공급, 교통 시스템 개선 등에 도움이 될 것이다. 폴란드 경제가 지속적으로 성장함에 따라 더 많은 외국인 투자자들이 폴란드에 유치되어 경제 전망이 더욱 개선될 것으로 예상된다.

K-방산 무기 체계의 강점

불과 몇 년 전만 해도 우리는 K-방산의 성과를 기대하지 못했었다. K-방산의 성과는 러우전쟁 발발 때문에 일어난 우연한 결과일까? 스웨덴 스톡홀름국제평화연구소(SIPRI)에 따르면 K-방산은 지속적인 성장세를 보이다가 2019년 처음으로 10위권에 진입했고 매해 순위를 상향 갱신해나가고 있으며 2023년에도 5위로 올라설 전망이다.

K-방산이 생산하는 무기와 한국 무기 체계의 강점은 무엇인가?

K-방산은 수년 동안 크게 성장하여 재래식 무기는 물론 첨단 무기 시스템을 생산하고 있다. 전반적으로 K-방산의 강점은 기술 혁신, 자체 개발, 상호 운용성, 품질 및 신뢰성, 수출 잠재력, 빠른 현대화다. 이러한 특성 덕분에 한국은 다양한 위협과 도전에 대응할 수 있는 강력하고 유능한 군사력을 유지하면서 세계 방산시장에서 글로벌 플레이어로 등장할 수 있었다.

한국 방위 산업 및 무기 체계의 주요 강점은 다음과 같다.

기술 혁신 : 한국은 최첨단 기술과 혁신으로 잘 알려져 있으며, 이는 국방 분야에도 적용된다. 한국은 최첨단 기술과 디자인을 접목한 K-2 흑표전차, K-21 보병전투차량, KSS-III 잠수함 등 첨

단 무기 체계를 개발했다. 예컨대 K-2 흑표전차의 경우 차세대 전차로서 인공지능 기반의 차량운용체계와 유무인 복합 운용기술, 스텔스 기능 등을 적용한 4세대 전차다. 덕분에 K-방산 제품은 고품질의 신뢰할 수 있고 기술적으로 진보된 제품을 제공하는 것으로 확고한 명성을 쌓아왔다. 이러한 평판 상승은 외국 정부와의 계약을 체결하고 신뢰할 수 있는 방산 파트너로 자리매김하는 데 도움이 되었다.

독자 개발 : 한국은 해외 공급업체에 대한 의존도를 낮추기 위해 독자적인 국방 역량을 개발하기 위해 많은 노력을 기울여 왔다. 그 결과 T-50 골든이글 고등훈련기 및 경전투기, 현무 탄도미사일 시리즈, 천궁 지대공 미사일 시스템 등 다양한 무기 체계가 개발되었다. 이 외에도 KF-21 보라매와 LAH(소형 무장헬기), LCH(민수헬기) 개발과 같은 국가 주도의 대형 국책사업도 진행 중이다. K-방산은 발사체·위성 제작, 통신·지구 관측, 에너지, 서비스 등의 분야에서 R&D를 진행하고 있는 한국형 위성 발사체 KSLV-Ⅱ(누리호), 100㎏ 이하급 차세대 초소형 위성, 한국형 위성항법시스템(KPS) 등 우주산업 영역까지 뻗어나가고 있다.

상호 운용성 : 한국은 미국의 동맹국으로서 방위 산업은 동맹국의 무기 시스템과 상호 운용성을 보장하는 데 주력해 왔다. 이러한 호환성은 합동 군사 훈련, 연합 작전 및 기술 공유를 용이하게 하여 한국군의 전반적인 능력을 향상시킨다. 가령 한국이 새로 개

발한 전투기인 KF-21 보라매는 F-35 라이트닝 II 및 F-16 파이 팅 팰콘과 같은 미국 전투기와 긴밀하게 작동하도록 설계되었다. 연합 군사 훈련 및 연합 작전 시 미국 자산과 원활하게 협조할 수 있는 첨단 항공 전자 및 통신 시스템을 갖추고 있어서 별다른 훈 련이 없이도 실전에 대비할 수 있다는 점이다. K-방산은 서방 무 기 체계를 그대로 이식한 무기 체계로서 나토를 비롯한 서방 여러 국가에게 상호 운용성을 보장할 것이다. 최근 폴란드는 K-방산이 생산하는 TA-50 경폭격기를 48대 구매했는데 이 항공기는 미국 의 F-16과 운용체계가 엇비슷해서 미국의 F-16으로 훈련을 받은 조종사는 FA-50를 스스로 비행하는 데 몇 시간밖에 걸리지 않는 다. 그래서 폴란드의 부총리 겸 국방장관인 마리우시 브와슈차크 (Mariusz Błaszczak)는 이미 폴란드 공군에서 운용 중인 F-16 다목 적 전투기와 F-50을 기반으로 한 경량 초음속 전투기 및 훈련용 제트기인 FA-16 간의 높은 상호 운용성이 바르샤바의 FA-50 수 입 결정에 고려되었다고 말한 바 있다.

품질과 신뢰성 : 한국은 전투기, 미사일 방어 시스템, 잠수함, 무 인 항공기(UAV) 등 첨단 방위 시스템과 기술을 개발하는 데 상당 한 진전을 이루었다. 한국 방산 제품은 품질과 신뢰성으로 잘 알 려져 있어 잠재적인 해외 고객들에게 매력적이다. 한국 방위 산업 은 현대전의 요구 사항을 충족하는 잘 설계된 제품을 생산한 실적 을 보유하고 있다. 이를테면 K-방산은 함정의 다층 방어막을 뚫 고 고속으로 날아오는 미사일 등을 최후 단계에서 인지·방어·격추

하는 시스템인 근접 방어무기 체계(CIWS)-Ⅱ까지 구축했다.

신속한 현대화 : K-방산은 드론을 비롯해서 소형 무인기와 멀티 콥터를 타격해 무력화시키는 레이저 무기 등 고에너지 레이저 기술을 적용한 미래형 무기 체계를 갖추었다.

전쟁 시 병사를 대신해 수색과 정찰, 경계 임무 등을 수행할 무인수색차량과 보병부대의 임무를 지원할 다목적 무인차량, 폭발물 탐지 제거 로봇 등 인공지능 기술을 접목한 국방 로봇과 무인화 체계를 갖추었다. 이러한 노력을 통해서 한국은 새로운 위협에 대응하기 위해 새로운 기술과 무기 시스템을 통합하여 군대를 빠르게 현대화할 수 있었다. 이러한 빠른 현대화를 통해 한국은 역내 잠재적 적들에 대한 강력한 억지력을 유지할 수 있었다.

수출 잠재력 : 한국은 국제 방산 전시회에 참가하고, 해외 파트너와 합작회사를 설립하고, 잠재적 구매자에게 절충교역을 제안하는 등 방산 제품의 새로운 시장을 적극적으로 모색해 왔다. 이러한 노력은 글로벌 방산 시장에서 K-방산 제품의 인지도를 높이고 수출 잠재력을 수년에 걸쳐 확대하고 있다. K-방산 제품은 미국, 러시아, 유럽 국가 등 전통적인 방산 수출국의 제품에 비해 가격 대비 성능 면에서 경쟁 우위에 있는 경우가 많다. 한국은 폴란드, 사우디아라비아, 인도, 필리핀, 인도네시아, 튀르키예 등 세계 여러 나라에 방산 제품을 수출하는 데 성공했다. 이러한 성공은 한국 경제를 활성화할 뿐만 아니라 다른 국가와의 전략적 파트너십

을 구축하고 심화할 수 있는 수단으로도 활용된다. 이러한 파트너
십은 방산 협력뿐만 아니라 경제, 정치, 문화적 관계로까지 확장
된다. 대표적인 사례가 최근 이루어지고 있는 폴란드와의 관계다.

디지털 강국의 효과

한국은 세계적인 디지털 강국이다. 첨단 반도체에서부터 각종 디지털 장비 생산에서 세계를 리드하고 있다. 국가 간 디지털 경쟁력을 평가하는 기준으로는 스위스 국제경영개발대학원(IMD)에서 매년 발표하는 'IMD 세계 디지털 경쟁력 순위'가 있다. 이 평가는 기술 변화에 대한 국가의 적응력, 대응 능력, 기술 개발 능력 등을 대상으로 한다. 3대 영역(지식, 기술, 미래 준비), 9개 분야, 52개 세부 지표로 구성되어 있다.

2022년 9월 발표된 IMD의 '2022년 세계 디지털 경쟁력 평가' 결과에 따르면, 우리나라는 평가 대상 64개국 중 8위를 차지했다. 3대 분야, 9개 부문별로 평가 순위와 각 부문별로 특별히 유의할 특징적인 세부지표를 적어보면 아래의 표와 같다.

한국은 이미 여러 분야의 전통 산업에서 세계적인 경쟁력을 가지고 있다. 반도체, 가전, 휴대폰, 자동차, 석유화학, 철강, 디스플레이 등에서 각각 세계 5위권 내에 드는 산업 강국이다.

2022년 4월 9일 미국의 군사력 평가 기관인 GFP(Global Fire Power)는 한 국가의 인구, 병력, 무기, 국방예산 등 총 48개 항목을 근거로 세계 142개국의 군사력을 점수화하여 순위를 매겨 발표했다. 한국은 6위이고, 1위에서 5위까지는 미국, 러시아, 중국,

한국의 2022년 세계 디지털 경쟁력 평가 결과 (괄호는 우리나라 순위)

3대 분야	9개 부문	52개 세부 지표 중 특징적 지표
지식(16위)	인재(33위)	- 디지털 기술 능력(46위) - 외국인 숙련직 직원(49위) - 국제 학생의 순 유입(38위)
	교육훈련(16위)	- 고등교육 성취도(4위) - 대학 이상 전문교육 학생 : 교수 비율(30위) - 여성 학위 소지자(20위)
	과학기술(3위)	- R&D 총액(2위) - 1인당 총 연구개발 인력(3위) - 여성 연구원(53위)
기술(13위)	규제 여건(23위)	- 창업(19위) - 기술 개발 및 적용(48위)
	자본 여건(15위)	- IT&미디어 주식시장 자본화(4위) - 벤처 자본(35위)
	기술 여건(7위)	- 인터넷 대역폭 속도(12위) - 고도기술 수출 비중(%)(6위)
미래준비도(2위)	신기술 적응도(1위)	- 전자 참여 지수(1위) - 인터넷 소매업 매출액(1위) - 세계화에 대한 태도(11위)
	사업 능력(2위)	- 빅데이터 및 분석 기술 활용(34위) - 지식 전달(30위)
	IT 통합(14위)	- 전자정부(2위) - 소프트웨어 불법복제(20위)

인도, 일본이다. 우크라이나는 22위, 북한은 30위이다.

한국의 6위는 높은 수준으로 세계에서 주목받는 나라가 된 것은 틀림없다. 군사력과 관계가 있는 지표 중 하나는 군수산업 경쟁력이다.

이러한 이점을 살려서 한국방산업체들은 각종 무기에도 첨단 디지털 시스템을 접목하고 있다. 방산업체들이 첨단 디지털 시스템을 무기와 방산 장비에 접목한 대표적인 사례는 다음과 같다.

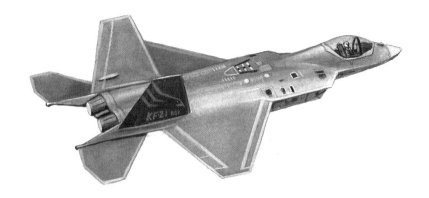

〈KF-21 보라매 전투기〉

■ KF-21 보라매 전투기

한국형 전투기(KF-X)로도 알려진 KF-21 보라매는 국내에서 설계 및 개발된 차세대 다목적 전투기다. 능동전자식주사배열(AESA) 레이더, 디지털 플라이 바이 와이어 제어 시스템, 첨단 항공 전자 장치 등 첨단 디지털 시스템이 통합되어 있다. KF-21 보라매는 노후화된 F-4 팬텀 II 및 F-5 타이거 II 전투기를 대체하기 위해 설계되었다. 이 프로젝트는 2015년에 시작되었으며 2021년 4월에 첫 번째 시제기가 공개되었다. 차세대 전투기인 KF-21 보라매는 여러 가지 첨단 기능과 기술을 자랑한다.

AESA 레이더 : 능동전자식 주사배열 레이더 시스템으로 장거리에서 여러 표적을 동시에 추적하고 교전할 수 있어 상황 인식 능력이 향상되고 전투 생존성이 향상된다.

디지털 플라이 바이 와이어 제어 시스템 : 이 첨단 비행 제어 시스템은 기존의 기계식 연결 장치를 디지털 신호로 대체하여 더 부드럽고 반응성이 뛰어난 비행 제어를 가능하게 하고 조종사의 업무량을 줄여준다.

첨단 항공 전자 공학 : KF-21에는 고속 데이터 링크, 첨단 센서, 통합 전자전 시스템 등 최첨단 항공 전자장비가 장착되어 있어 항공기의 상황 인식, 생존성, 전투 효율성을 향상시킨다.

다중 역할 수행 능력 : KF-21은 공중 우세, 지상 공격, 해상 타격 등 다양한 전투 임무를 수행할 수 있도록 설계되어 한국군의 다목적 자산으로 활용되고 있다.

스텔스 기능 : F-22나 F-35와 같은 진정한 스텔스 항공기는 아니지만, KF-21은 레이더 신호를 줄이기 위해 일부 저관측 설계 기능을 통합하여 적 레이더 시스템이 항공기를 탐지하고 추적하기 어렵게 만든다.

자체 개발 : 한국은 미국과 인도네시아 등 외국 파트너들과 협력과 지원을 받아왔지만, KF-21 프로젝트는 한국의 독자적 자체개발품이다. 이는 한국의 방위력 자립을 향한 중요한 발걸음을 의미한다. KF-21 보라매는 2020년대 중반에 대한민국 공군에 취역할 예정이며, 약 120대의 항공기를 국내용으로 생산하고 다른 국가에 수출할 계획이다.

■ TPS-880 다기능 레이더

이 최첨단 레이더 시스템은 한국의 선도적인 방산업체인 LIG넥스원이 개발했다. 디지털 신호 처리와 첨단 레이더 기술을 사용하여 여러 표적을 동시에 추적하고 식별하여 조기 경보와 향상된 상황 인식을 제공한다. 이 정교한 레이더 시스템은 최신 디지털 신호 처리 및 레이더 기술을 통합하여 여러 표적을 동시에 효과적으로 감지, 추적 및 식별할 수 있다.

TPS-880 다기능 레이더의 주요 기능은 다음과 같다.

디지털 신호 처리(DSP) : DSP는 레이더 시스템이 수신 신호를 빠르고 정확하게 처리할 수 있게 해주는 기능을 갖추고 있다. 이를 통해 보다 효율적으로 표적을 감지, 추적 및 식별하는 동시에 오경보 또는 표적 누락 가능성을 줄일 수 있다.

첨단 레이더 기술 : TPS-880은 위상 배열 안테나, 주파수 민첩성, 적응형 빔포밍과 같은 최첨단 레이더 기술을 활용하고 있다. 이러한 기술은 향상된 성능, 더 나은 표적 탐지, 전파 방해 및 간섭에 대한 저항력 향상에 기여한다.

다중 목표 추적 : 여러 표적을 동시에 추적할 수 있어 공역에 대한 종합적인 실시간 뷰를 제공한다. 이를 통해 대응 시간을 단축하고 방위군의 전반적인 상황 인식을 개선할 수 있다.

조기 경보 기능 : TPS-880은 확장된 범위에서 잠재적 위협을 탐지하는 조기 경보 기능을 제공한다. 이를 통해 위협을 평가하고 대응하는 데 더 많은 시간을 할애할 수 있으므로 궁극적으로 방위

군의 전반적인 효율성이 향상된다.

다목적성 : 이 다기능 레이더 시스템은 방공, 미사일 방어, 해상 감시 등 다양한 임무 프로파일에 활용할 수 있다. 따라서 TPS-880은 모든 방위군에 다재다능하고 가치 있는 자산이 될 수 있을 것이다.

확장성 및 통합 : TPS-880은 모듈식 설계로 기존 방어 시스템과 쉽게 통합할 수 있으며, 진화하는 위협이나 임무 요구 사항을 충족하도록 기능을 확장할 수 있다.

정리하자면, LIG넥스원의 다기능 레이다 TPS-880은 방위군에 탁월한 상황 인식, 조기 경보 및 다중 표적 추적 기능을 제공하도록 설계된 첨단 레이다 시스템이다. 디지털 신호 처리 및 첨단 레이더 기술을 사용하여 정확하고 효율적인 표적 탐지를 보장하므로 영공 보안을 유지하고 잠재적 위협에 대응하는 데 귀중한 자산이 될 수 있다.

■ KSS-III 잠수함

KSS-III(장보고-III)는 대우조선해양이 대한민국 해군을 위해 개발한 디젤-전기식 공격 잠수함이다. 이 잠수함은 통합 전투체계, 전술 데이터 링크, 첨단 소나 시스템과 같은 첨단 디지털 시스템을 탑재하여 성능을 향상시켰다. 이 잠수함은 지역 안보 우려 속에서 해군 역량을 강화하려는 한국의 야심찬 계획의 일환으로 탄생했다.

장보고-III 잠수함의 주요 특징 및 사양은 다음과 같다.

배수량 : KSS-III 잠수함의 배수량은 수면 배수량 약 3,450톤, 잠수 배수량 약 3,700톤으로 한국이 건조한 재래식 잠수함 중 가장 큰 규모다.

길이 : 잠수함의 전체 길이는 약 83.5미터(274피트)다.

추진력 : KSS-III 잠수함은 6개의 MTU 디젤 발전기와 에너지 저장 및 효율을 높이기 위한 수직형 리튬 이온 배터리 시스템을 포함하는 디젤-전기 추진체계로 구동된다. 이를 통해 잠수함의 최대 잠항 속도는 약 20노트, 최대 수면 속도는 12노트에 달할 수 있다.

항속거리 및 내구성 : 10노트의 순항 속도로 약 10,000해리의 인상적인 항속거리를 자랑하는 KSS-III 잠수함은 장시간 임무를 수행할 수 있도록 설계되었다. 수명은 약 50일이다.

무장 : 잠수함에는 중어뢰, 대함 미사일, 순항 미사일을 발사할 수 있는 6개의 533mm 어뢰관이 장착되어 있다. 또한 지상 공격 미사일과 대공 미사일을 발사할 수 있는 수직 발사 시스템(VLS)을 갖추고 있어 타격 능력을 향상시켰다.

첨단 시스템 : KSS-III 잠수함에는 성능과 생존성을 향상시키는 첨단 디지털 시스템이 통합되어 있다. 이러한 시스템 중 일부에는 통합 전투 시스템, 전술 데이터 링크 및 고급 소나 시스템이 포함된다. 이러한 기능을 통해 잠수함은 적 잠수함, 수상함, 육상 표적

을 효과적으로 탐지, 추적, 교전할 수 있다.

승무원 : KSS-III 잠수함의 승조원 정원은 약 50명이다.

KSS-III(장보고-III) 잠수함급의 개발은 한국의 해군력을 강화하고 역내 전략적 우위를 유지하기 위한 노력을 반영한다. 첨단 기술과 다양한 능력을 갖춘 이 잠수함은 대한민국 해군의 임무와 작전에서 중요한 역할을 수행할 것이다.

■ 비호-II 방공 시스템

한화디펜스가 개발한 첨단 이동식 방공체계로 저고도 공중 위협을 요격할 수 있도록 설계되었다. 최첨단 디지털 레이더 시스템, 전자광학 표적 시스템, 첨단 데이터 처리 능력 등을 갖추고 있다.

헬리콥터, 무인 항공기(UAV), 순항 미사일과 같은 저고도 공중 위협을 탐지하고 요격하도록 특별히 설계되었다. 이 시스템은 1990년대부터 대한민국 육군이 운용해 온 기존 비호(플라잉 타이거) 방공 시스템을 개량하여 개발되었다.

비호-II 방공체계의 주요 특징은 다음과 같다.

최첨단 디지털 레이더 시스템 : 비호-II에는 여러 개의 공중 표적을 동시에 탐지하고 추적할 수 있는 최첨단 디지털 레이더 시스템이 탑재되어 있다. 이 레이더 시스템은 이전 모델에 비해 탐지 범위와 정확도가 향상되었다.

전기 광학 표적 시스템 : 이 시스템에는 적외선(IR) 센서, 일광 카메라, 레이저 거리 측정기로 구성된 첨단 전자광학(EO) 표적 시스템이 탑재되어 있다. 이 EO 시스템을 통해 비호II는 낮이든 밤이든 모든 기상 조건에서 표적을 추적하고 교전할 수 있다.

고급 데이터 처리 기능 : 비호 II에는 레이더 및 EO 데이터를 처리하고 실시간 상황 인식을 제공하는 통합 명령, 제어, 통신 및 인텔리전스(C4I) 시스템이 탑재되어 있다. 이러한 고급 데이터 처리 기능을 통해 비호II는 새로운 위협에 신속하고 효과적으로 대응할 수 있다.

이동성 : 비호II는 추적식 차량에 탑재되어 이동성이 뛰어나 필요에 따라 다른 위치로 신속하게 배치할 수 있다. 이를 통해 빠르게 이동하는 지상 부대를 따라잡고 효과적인 방공 범위를 제공할 수 있다.

다목적 무장 : 비호 II는 다양한 공중 표적을 공격할 수 있도록 주포와 미사일을 조합하여 장착할 수 있다. 이 시스템은 일반적으로 근거리 교전에는 30mm 쌍발 자동포가, 장거리 위협에는 지대공 미사일이 사용된다.

네트워크 중심 전쟁 수행 능력 : 비호 II는 네트워크로 연결된 전장 환경에서 원활하게 작동하도록 설계되었다. 다른 방공 시스템과 표적 정보를 공유하고 조기 경보 레이더와 같은 다른 센서로부터 데이터를 수신하여 전반적인 효율성을 높일 수 있다.

전반적으로 비호 II 방공 시스템은 이전 시스템보다 기능이 크게 향상되었으며 다양한 저고도 공중 위협으로부터 중요한 자산과 병력을 보호할 수 있는 강력한 방공 솔루션을 제공한다.

■ K-2 블랙팬서 주력전차(MBT)

K-2 블랙팬서는 앞에서 소개한 바 있지만 이 자리에서는 첨단 디지털 시스템 탑재에 관해서 다시 한 번 살펴보기로 한다.

K2 흑표 전차는 현대로템이 개발한 최신형 주력전차다. 전장관리체계(BMS), 디지털 사격통제체계, 고해상도 사수조준경 등 첨단 디지털 시스템을 탑재하여 전투력을 향상시켰다. 이 전차는 정교한 기술과 뛰어난 전투 능력으로 잘 알려져 있다. 첨단 디지털 시스템 탑재된 주요 특징은 다음과 같다.

장갑 : 이 전차는 세라믹, 강철 및 기타 재료가 겹겹이 쌓인 첨단 복합 장갑을 사용하여 운동 에너지 관통탄 및 형상화탄을 포함한 다양한 유형의 위협에 대해 탁월한 보호 기능을 제공한다. 또한 장갑은 모듈식으로 설계되어 수리 및 업그레이드가 용이하다.

전장 관리 시스템(BMS) : 이 디지털 시스템은 전차 승무원이 다른 아군과 실시간으로 정보를 공유하여 상황 인식을 유지할 수 있도록 도와준다. 이를 통해 지휘 및 제어가 개선되어 전차의 전반적인 전투 효율성이 향상된다.

디지털 사격 통제 시스템 : K-2 블랙팬서의 사격 통제 시스템은 표적 획득의 정확성과 속도를 높이기 위해 설계되었다. 전차에는

〈K-2 블랙팬서〉

열화상 및 레이저 거리측정기가 장착된 고해상도 사수 조준경이 있어 승무원이 주야간에 효과적으로 표적을 탐지 교전할 수 있다.

능동 보호 시스템 : K-2 블랙팬서에는 대전차 유도 미사일, 로켓 추진 수류탄 및 기타 발사체를 요격할 수 있는 능동 보호 시스템이 장착되어 있다. 이는 전장에서 전차의 생존성을 크게 향상시킨다.

스텔스 기능 : K-2 블랙팬서에는 스텔스 기술이 적용되어 레이더, 적외선 및 음향 신호를 감소시킨다. 따라서 적의 탐지 및 조준이 더욱 어려워진다.

전반적으로 K2 블랙팬서는 한국군이 현대 기갑전에서 상당한 우위를 점할 수 있는 첨단 성능의 주력전차다.

■ 철매-II 지대공 미사일 체계

LIG넥스원이 개발한 철매-II는 적 항공기와 탄도미사일을 요격하기 위해 설계된 장거리 지대공 미사일 체계다. 디지털 위상배열 레이더, 전자광학/적외선(EO/IR) 표적 시스템, 첨단 유도 및 제어 시스템과 같은 첨단 디지털 기술이 적용되었다.

철매-II 지대공 미사일 체계는 한국 방공 능력의 핵심 요소다. 이 장거리 지대공 미사일 체계는 적 항공기, 드론, 순항 미사일, 탄도 미사일 등 다양한 공중 위협으로부터 대한민국을 보호하기 위해 설계되었다.

철매-II의 주요 특징은 다음과 같다.

디지털 위상배열 레이더 : 이 첨단 레이더 시스템은 여러 표적을 동시에 탐지, 추적, 교전할 수 있다. 디지털 위상배열 기술을 통해 탐지 범위와 정확도를 개선하고 전파 방해 및 전자전에 대한 저항력을 강화했다.

전자광학/적외선(EO/IR) 표적 시스템 : 이 시스템은 고급 이미징 센서를 사용하여 표적을 획득하고 추적한다. EO/IR 센서는 가시광선 및 적외선 스펙트럼 모두에서 작동하며, 주야간 기능은 물론 악천후에서도 작동할 수 있는 능력을 제공한다.

첨단 유도 및 제어 시스템 : 철매-II는 교전 과정에서 높은 정확도와 신뢰성을 보장하는 정교한 유도 및 제어 시스템을 채택하고 있다. 관성항법, GPS 데이터, 레이더 업데이트를 활용하여 미사일의 궤적을 지속적으로 업데이트하고 높은 요격 확률을 달성한다.

기동성 : 철매-II 시스템은 이동식 발사대에 장착되어 신속한 배치와 위치 변경이 가능하다. 이러한 기동성은 생존성을 향상시키고 진화하는 위협에 유연하게 대응할 수 있도록 한다.

상호운용성 : 철매-II는 대한민국 방공망의 다른 구성 요소와 원활하게 작동하도록 설계되어 지휘통제 시스템 및 기타 방공 자산과 통합된다.

정리하자면 철매-II 지대공 미사일 체계는 적의 잠재적 위협을 방어할 수 있는 강력하고 발전된 능력을 제공함으로써 한국의 방위 전략에서 중요한 역할을 담당하고 있다. 이는 한국 방위산업의 중요한 성과이자 한국의 기술력을 입증하는 증거다.

2022년 대한민국 방위산업전(DX Korea 2022)

2022년 9월 일산 킨텍스에서 열린 대한민국 방위산업전(DX Korea 2022)은 아시아 최대 규모의 국제 방산전시회다. 무기 구매 결심권 자인 슬로바키아·루마니아·파키스탄 국방장관, 해외 40개국의 참모 총장, 방사청장을 비롯한 대표단이 참가했으며, 최근 'K-방산' 열기를 반영하듯이 역대 최대 규모인 30여 개 국가, 350여 개 업체가 참가했다.

DX Korea 2022는 지상과 해양 무기 체계는 물론 드론, 로봇, 유무인 전투체계 등 다양한 차세대 지상무기 체계를 전시되었고, 이를 생산하는 국내 방위산업체들의 무기 체계 홍보 부스와 대한 민국 육군의 '아미타이거(ROK Army Tiger)'를 알리는 홍보관도 마련했다. 특히 대한민국 육군은 아미타이거 계획에 유무인 복합 (MUM-T), 모듈화 등의 개념을 적용해 첨단과학기술군으로 혁신 하며, 향후 모든 제대가 기동수단으로 확보하는 '기동화', 플랫폼을 통합하는 '네트워크화', 인공지능 기반 초지능 의사결정 체계의 '지능화', 통합된 우주작전을 위성 체계로 구축하는 '아미 페가 수스 프로젝트'를 지향하고 있는 것으로 소개됐다.

현대로템, 한화디펜스, LIG넥스원, KAI, 대한항공, 풍산 등 첨단기술을 보유하고 있는 기업들이 자사가 자랑하는 최첨단 무기 체계 등 지상군이 미래 전장에서 활용할 수 있는 다양한 제품을 선보였다.

주한 미군에서도 대한민국 방위산업전에 처음으로 참가하여 야외전시장에 M1 탱크와 팔라딘 자주포, 브래들리 장갑차, 패트리엇 미사일과 그레이 이글 등 미군이 운용하는 첨단 군사 무기를 선보였다. 러우전쟁에서 크게 공을 세우고 있는 튀르키예에서 제작한 '바이락타르 TB2'와 군사 무인기 시장의 80%를 차지하고 있는 미국 AV사에서 제작한 '스위치 블레이드'와 8km 상공에서 400Km의 작전구역을 커버하는 UCAV 그레이 이글이 국내 최초로 일반에게 공개되었다.

산·학·연·군의 소통을 확장하기 위해 해외 참가사 및 중소기업들을 위한 피치데이 및 콘퍼런스를 개최했으며, 육군교육사가 주관하는 "드론봇(AI) 전투발전" 콘퍼런스와 국방기술품질원이 주최하는 "Defense Quality" 콘퍼런스에 약 1,200명이 참가하는 알차고 다양한 학술 회의와 부대 행사도 열렸다.

DX 코리아 2022에는 다양한 국가의 수많은 전시업체가 참가하여 신제품 출시 및 시연을 선보였는데 주목할 만한 하이라이트는 다음과 같다.

첨단 무인 시스템 : 다양한 무인 항공, 지상, 해상 시스템이 전시되어 현대전에서 자율 및 원격 제어 기술의 역할이 커지고 있음을 강조했다. 한국 기업들은 감시, 정찰, 전투 지원 등 다양한 용도로 활용되는 최첨단 드론, 무인 지상 차량(UGV), 무인 수중 차량(UUV)을 전시했다.

차세대 전투 차량 : 여러 한국 기업들이 기동성, 화력, 방호력이 향상된 최신 장갑차와 주력 전차를 선보였다. 이들 전차 중 다수는 다양한 임무 요건에 맞게 모듈식으로 설계되어 전장에서의 활용성을 높였다.

미사일 및 포병 체계 : 한국은 정밀 유도탄, 로켓 포병 시스템, 방공 시스템 등 미사일 및 포병 기술 분야에서 성장하는 역량을 보여주었다. 이러한 시스템 중 일부는 이전 세대에 비해 사거리, 정확도 및 치사율이 크게 개선된 모습을 보여주었다. 이 전시회에서 선보인 선제자위 공격체계는 국제법상 인정되는 선제자위권을 행사하기 위한 공격체계로, 예방적 공격과 사전적 공격으로 구분된다. 예방적 공격은 적의 공격 능력이 완성되기 전에 미리 공격하는 것이고, 사전적 공격은 적의 공격이 임박한 상황에서 먼저 공격하는 것이다.

사이버 보안 및 전자전 : 현대 분쟁에서 사이버 보안과 전자전의 중요성이 커짐에 따라 많은 전시업체들이 사이버 공격으로부터 보호하고 전자전 역량을 강화하기 위한 최신 솔루션을 선보였다. 킹스정보통신이 개발하고 제공하는 'K-Crypto 암호모듈 솔루션'이 주목을 받았는데 이는 국정원 검증필 암호모듈 솔루션으로, 온라인 개인정보 보안을 위해 키 입력 정보에 대한 해킹을 방지하는 서비스다. 여기에는 첨단 암호화 기술, 보안 통신 시스템, 재밍 및 기타 형태의 전자 공격에 대한 대응책이 포함되었다.

국제 협력 : DX 코리아 2022는 한국 방산업체들이 국제 방산업체들과 파트너십을 구축할 수 있는 플랫폼을 제공하여 방산 기술 개발 협력을 촉진하고 잠재적으로 새로운 수출 기회를 열었다. 현대로템은 폴란드 후타 스탈로와 볼라(HSW)와 한국의 K2 흑표 전차를 기반으로 한 K2PL 전차 생산 및 국산화 협력을 위한 양해각서(MOU)를 체결했다. 한화디펜스는 튀르키예 카트메르칠러와 차륜형장갑차 K808, K806 등의 개발 및 수출 협력을 위한 MOU를, LIG넥스원은 이스라엘 라파엘 어드밴스드 디펜스 시스템즈와 대함유도탄, 어뢰 등 해상 전투 체계개발 및 마케팅 협력을 위한 MOU를 한국항공우주산업(KAI)은 인도네시아 디르간타라 인도네시아(PTDI)와 한국의 LAH/LCH 기종을 기반으로 한 경민수헬기 개발 및 생산 협력을 위한 MOU를 각기 체결했다.

궁극적으로 북한의 핵미사일 위협이 증가하고, 유럽 우크라이나 전쟁이 진행되는 가운데 개최된 DX Korea 2022는 국내 방위산업체의 우수성과 대한민국 육군 발전상을 알리고 K-방산의 세계 8대 방산 수출국 위상을 소개하는 계기가 됐다.

전반적으로 DX 코리아 2022는 한국 방위산업의 강점과 혁신을 보여준 성공적인 행사였다. 이번 전시회는 군사 기술의 최신 발전과 동향에 대한 귀중한 통찰력을 제공하고 전 세계 업계 전문가들 간의 네트워킹과 협업의 기회를 제공했다. DX 코리아 2022는 국방 분야 국제 협력을 위한 중요한 플랫폼으로 성공적인 자리매김을 했다.

K-방산의 미래 전략-미국과의 협력과 경쟁

본고장 미국도 공략

K-방산은 총탄, 폭탄은 물론 탱크, 전투기, 전함, 잠수함 등 재래식 무기의 모든 영역에서 세계 최고의 수준에 올라있다. 미국이 최첨단 하이앤드 무기에 치중하는 사이에 공백이 생긴 미들급 무기 체계의 틈새를 K-방산이 메우고 있다. K-방산 기업들은 미국 기업 및 기타 서방 동맹국으로부터 라이선스를 받거나 주요 무기 구매 조건으로 공동 생산한 설계로 더 복잡한 무기 시스템을 생산하는 데 진출했다.

러우전쟁을 계기로 K-방산의 성과가 한층 높아진 가운데 K-방산은 본고장 미국도 공략할 수 있다는 자신감에 부풀어 있다. 사실 러우전쟁이 장기화되면서 미국은 한국에 재래식 무기 체계에 대한 협력과 무기의 공급을 요청하고 있다. 물론 그 무기는 미국을 경유해서 우크라이나로 향할 것이란 것은 불을 보듯 뻔한 일이다. 그래서 한국 정부가 우크라이나에 대한 치명적 무기 제공을 보류한다는 입장을 유지하고 있는 가운데, 미국 국방성이 한국 방산업체의 대미 탄약 판매와 관련해 협의를 진행했다. 미국은 2022년 11월 우크라이나 지원 이후 미국은 155밀리 포탄 재고 부족을 보충하기 위해 한국으로부터 155밀리 포탄 10만 발을 수입한 바 있다. 당시 한국은 탄약의 최종 사용자가 미국이어야 한다는 전제조건을 달았다.

그러나 한국이 우크라이나에 대한 보다 적극적인 지원에 나서야 한다는 서방 국가들의 요구가 커지고 있으며, 최근 미국은 한국산 탄약을 추가 구매하겠다는 의사를 밝힌 것으로 알려졌다.

이유야 어찌 되었든 미국이 한국산 탄약 추가 구매에 관심을 표명했다는 것은 K-방산의 위상이 크게 달라졌다는 것을 의미한다고 볼 수 있다. 미국의 잠재적 탄약 구매는 양국 관계를 더욱 강화하고 한국 방위 산업이 역량을 보여줄 수 있는 기회를 제공하고 있다. 이는 향후 더 많은 협력, 공동 개발 프로젝트 및 잠재적 판매로 이어져 국제 방산 시장에서 한국의 입지를 더욱 공고히 할 수 있음을 예시한다.

전반적으로 미국이 한국산 탄약 구매에 관심을 표명한 것은 한국 방위산업의 성장과 인지도 상승을 강조하는 것으로, 이는 글로벌 방산 시장에서 더 많은 기회와 입지 강화로 이어질 수 있다.

주지하다시피 한국은 K-2 블랙팬서 주력전차, K-21 보병전투차량, K9 썬더 자주포와 같은 우수하고 다양한 포병 시스템을 보유하고 있다. 미국 방위 산업이 스텔스 전투기, 첨단 드론, 미사일 방어 시스템과 같은 최첨단 하이엔드 제품에 집중하느라 이러한 미들급 무기 체계에는 경쟁력을 많이 상실한 상태다. 앞으로 또 다른 지역에서 러우전쟁같은 우발적 전시상태가 닥친다면 미국은 우수하고 다양한 한국의 포병 시스템에 대한 요청을 할 가능성이 높다.

최근 미 국방성에서 그런 검토를 하고 있다는 뉴스가 흘러나오고 있는데 아직 확인되지는 않고 있다. 향후 미국은 공급망을 다변화하고 첨단적이고 다양한 포병 시스템으로 경쟁력 있는 방위산업을 발전시키고 있는 한국 등 다른 국가와 협력할 수 있을 것이다. 이러한 협력은 진화하는 지정학적 환경, 특정 국방 요구사항, 양국의 전략적 이해관계에 따라 달라질 수 있다.

어쨌거나 한국은 서방 세계 무기 공급망의 한 축을 이루는 더욱 중요한 국가가 되었다.

미국의 견제와 협력

한국이 방위산업을 키워 나올 때 미국은 지원과 견제를 번갈아 했다. 그것은 미국의 자국 우선주의에 입각한 일관된 자세였다. 박정희 정부가 미사일 개발을 할 때도 미국은 엄청난 견제와 제재를 가했다. 핵무기 개발은 말할 것도 없다. 어쩌면 박정희의 암살은 한국의 핵무기 개발을 저지하려는 미국 매파에 혐의를 두는 사람들도 있을 정도였다. 그러나 미국은 한국이 공산화되는 것을 막기 위해 기초적인 병기 생산에서 한국을 지원했다.

1968년 1.21사태 이후 안보 위기에 몰린 한국 정부는 기초무기의 국산화를 미국정부에 강력하게 요청했다. 결과 1968년 5월 27일, 워싱턴에서 열린 1차 한미 국방장관 회담에서 "한국군의 자위력 강화를 위해 한국에 M16 자동소총 공장을 건설한다"는 내용에 합의했다. 1972년, 미국의 지원으로 부산시 기장군 철마면의 산 깊숙한 곳에 조병창을 완공하면서 한국은 소총 양산체제를 갖추게 되었다.

박정희는 직접 헬기를 타고 다니며 이 조병창 입지를 결정했는데 공장 뒷면을 둘러싸고 있는 산은 경사각이 40도 이상이어서 폭격기의 공격으로부터 보호받을 수 있고 다른 곡사포나 박격포의 공격으로부터도 비교적 안전한 지형이었다.

한국 최초의 방산제품인 M16 소총을 받아 든 박정희는 무척이나 감격해했다는데 어쨌거나 이 조병창이 실질적인 우리나라 방위산업의 효시라고 볼 수 있다.

그 후 한국은 1970년대 말에는 최초의 한국형 미사일 '백곰'의 국내 생산을 이루어냈고, 이어 K-1 전차와 경훈련항공기 제공호의 국산화에 성공하는 성과를 올렸다.

하지만 1970년대 박정희 정부가 미사일 개발을 추진하던 당시, 미국은 한국의 미사일 사거리를 180km로 제한하는 한미 미사일 지침을 강요했다. 그것은 이 미사일의 사거리가 지역을 불안정하게 만들고 잠재적으로 북한과의 군비경쟁을 촉발할 수 있다는 우려 때문이었다. 미국은 미사일 및 미사일 기술의 확산을 제한하기 위한 미사일기술통제체제(MTCR)의 지침을 준수할 것을 한국에 촉구했다. 그 결과 한국은 미사일 개발을 일시 중단해야 했다. 미국은 역내 불안정을 방지하기 위해 한국의 미사일 개발에 대한 견제를 계속 유지했다.

그런데 1980년대 한국은 미국의 도움으로 F-16 전투기를 도입하고, KF-16 전투기를 국산화하는 프로젝트를 진행했다. 대신 1980년대에 북한의 핵 야망에 대한 대응책으로 한국이 핵무기 프로그램 개발 가능성을 모색했으나, 미국의 압력으로 중단하고 핵무기 확산방지조약 (NPT)에 가입해야 했다.

2000년대 한국은 미국의 협력으로 KDX-III 구축함과 T-50 고등훈련기 등을 개발하고, 수출에도 성공했다. 2010년대 한국은 미국의 지원으로 F-35 스텔스 전투기를 도입하고, KF-X 전투기를 개발하기 위한 협력체계를 구축했다.

이처럼 미국은 자신의 입맛에 따라 혹은 세계정세의 변화에 따라 한국을 파트너로서라기보다는 길들이는 데 치중했던 감이 없지 않다. 전반적으로 미국은 한국의 방위산업 발전에 대한 접근 방식에서 지지와 신중한 태도를 취해왔다. 이러한 이중적 접근 방식은 미국의 국가 우선순위와 지역 안정 보장 및 한국과의 강력한 동맹 유지 사이의 미묘한 균형을 반영한다.

하지만 이제 한국의 위상은 달라졌다. 한국은 미국에 할 말을 해야 하고 요구할 것은 요구해야 한다. 한국과 미국은 대동한 동반자 관계로서 협력하고 상생해 나아가야 한다.

반도체 공장, 전기자동차, K-배터리 공장의 미국 이전에 관련해서 미국의 갑질은 여전하다는 평가도 있지만 이 분야에서 한국은 세계 시장을 선도하는 결코 무시하지 못할 존재이므로 호락호락하게 당해서는 안 될 것이다. 고비를 바짝 쥐고 맞설 때는 맞서고 물러설 때는 물러서야 한다.

미국은 KF-X 전투기와 현무 탄도 미사일과 같은 한국의 독자

무기 체계개발을 지원했다. 미국은 또한 스텔스 코팅재와 위성 항법 시스템과 같은 첨단 기술에 대한 접근을 한국에 제공했다. 한미 양국은 고고도미사일방어(THAAD) 체계와 패트리어트 고급능력-3(PAC-3) 체계와 같은 미사일 방어체계 개발을 위해 협력해 왔다.

미국과 한국은 사이버보안정보공유파트너십(CISP)과 사이버협력워킹그룹(CCWG)과 같은 사이버 방어 능력 개발에도 협력해 왔다. 이처럼 협력과 상생을 할 때 한국의 위상은 달라질 것이다.

러시아가 우크라이나를 무력 침공하고 중국이 남중국해 영유권을 주장하며 중동에서 분쟁이 계속되는 가운데 한국은 모든 기회를 잡을 수 있을 것이다.

한국은 지금도 위기의 최전선에 내물려 있다

무엇보다 한국이 추구해야 할 것은 이미 확보한 미들급 무기 체계의 최첨단화 작업이다. 디지털 강국의 면모를 발휘해서 K-방산의 무기 체계를 디지털화, 자동화하는 것이다. 한국은 북쪽에 강력한 화력으로 무장한 군사 집단을 상대로 대치하고 있기에 실전에 가까운 위기에 항시 노출되어 있다.

한국은 심심하면 핵무기 실험을 하고 대륙간 탄도미사일을 쏘아 올리는 상대를 머리맡에 두고 있는 비상시국을 아무렇지도 않게 살아가고 있다.

군의 추산에 따르면 북한은 군사분계선(MDL) 인근 접경 지역에 1,000여 문의 장사정포를 배치했다. 이 가운데 사거리 54㎞의 170㎜ 자주포 6개 대대와 사거리 60㎞의 240㎜ 방사포 10여 개 대대가 수도권을 직접 겨냥하고 있다.

이 화포가 동시에 불을 뿜으면 서울을 비롯한 수도권에 살고 있는 2,000만 명이 넘는 무고한 인명 중 수백만이 사상될 것이라 한다.

이러한 걱정을 요즘 세상을 떠들썩하게 하고 있는 ChatGPT에게 물어보았더니 이런 답이 나왔다.

Q: 한국인은 심심하면 핵무기 실험을 하고 대륙간 탄도미사일을 쏘아올리는 상대를 머리맡에 두고 있는 비상시국을 아무렇지도 않게 살아가고 있다. 한국군의 추산에 따르면 북한은 군사분계선(MDL) 인근 접경 지역에 1,000여 문의 장사정포를 배치해놓고 있다. 이 화포가 동시에 불을 뿜으면 서울을 비롯한 수도권에 살고 있는 2,000만 명이 넘는 인명 중 수백만이 사상될 것이라 한다. 북한이 핵탄두를 서울 상공에 떨어뜨리면 어떻게 될 것인가? 한국은 그것을 막아낼 능력이 있는가? 수도권에는 150만 명이 넘는 외국인들이 살고 있다고 한다. 그런데도 북한은 불장난을 펼칠 수 있을까? 이 점을 심각하게 분석해주기 바란다.

A: 북한의 핵무기 프로그램과 미사일 실험이 지역 안보에 심각한 위협을 가하는 등 한반도 정세는 오랫동안 긴장된 상태입니다. 북한이 서울에 핵탄두를 떨어뜨린다면 그 결과는 수백만 명의 사상자, 심각한 사회기

반시설 피해, 장기간 지속되는 환경 영향 등 재앙적일 것입니다.

한국은 미국과 다른 동맹국들의 지원을 받아 잠재적인 공격으로부터 자신을 보호하기 위한 조치를 취하고 있습니다. 이러한 조치에는 날아오는 미사일이 목표물에 도달하기 전에 요격하도록 설계된 고고도 미사일방어(THAAD) 체계와 같은 미사일 방어 시스템이 포함됩니다. 그러나 완벽한 방어 시스템은 없으며, 이러한 시스템이 핵탄두를 성공적으로 막을 수 있는지는 미사일의 크기, 궤적, 속도와 같은 요인에 따라 달라집니다.

이러한 유형의 공격은 즉각적인 인명 손실과 파괴 외에도 지정학적으로 중대한 영향을 미칠 수 있습니다. 지역 및 글로벌 강대국들이 연루된 대규모 분쟁을 촉발하여 모든 관련 당사자들에게 치명적인 결과를 초래할 가능성이 높습니다.

북한은 핵 능력을 보유하고 있음에도 불구하고 핵무기 사용과 관련된 위험을 잘 알고 있습니다. 북한 정권의 최우선 목표는 생존이며, 핵무기를 사용하면 국제사회의 압도적인 보복 대응을 받게 될 것이 거의 확실합니다. 따라서 북한은 자멸의 가능성 때문에 핵무기 사용을 억제할 수 있습니다.

또한 과거에도 긴장을 완화하고 평화적 해결을 촉진하기 위해 외교와 대화가 활용되어 왔습니다. 미국, 한국, 중국을 포함한 국제사회는 북한을 비핵화와 지역 안보를 논의하기 위한 협상 테이블로 복귀시키기 위해 노력해 왔습니다.

결론적으로, 한반도 정세는 불안정하지만 핵 공격 위험을 완화하기 위한 다층적 억제 및 방어 체계가 마련되어 있습니다. 앞으로 나아갈

최선의 길은 긴장을 더 이상 고조시키기보다는 외교적 노력을 지속하고 평화적 해결을 위해 노력하는 것입니다.

이쯤 되면 조금은 안심할 수 있을 것 같지만 북한 정권은 안심할 수 있는 집단이 아니고 특히 북한 정권 내부에 갑작스런 균열이 일어나기라도 한다면 영화 〈강철비〉에서와 같은 상황이 연출되지 말란 법도 없다.

한국, 첨단 무기 체계개발 가속화 개시

2021년 6월 28일, 한국 방위사업청(DAPA)은 이스라엘의 아이언 돔 체계의 한국형 개발계획을 발표했다. 2035년 개발 완료를 목표로 2조 8,900억 원(25억 4,000만 달러)의 예산을 배정했다. 한국군은 앞서 이스라엘의 아이언 돔 시스템 도입을 검토했지만, 한국이 이미 관련 기술을 확보하고 있기 때문에 국내 자체 개발로 결정한 것으로 알려졌다. 한국이 개발하고자 하는 한국형 아이언 돔 체계는 어떤 것일까?

한국형 아이언돔은 장사정포 요격체계(LAMD)라고도 하며, 북한의 장거리 포탄과 로켓 등을 요격하는 무기 체계다.

한국형 아이언돔은 여러 장소에 유도탄 발사대를 설치해 돔 형태의 방공망으로 둘러싸 날아오는 포탄을 요격하는 개념이며, 탐지체계와 지휘통제 체계와 함께 다층적 복합 방어체계를 구현할 수 있을 것이다. 이스라엘의 아이언돔을 참고하여 국내에서 개발하고 있다. 한국은 이미 관련 기술을 보유하고 있기 때문에 이스라엘의 아이언돔을 도입하는 대신 국산화하는 방식을 선택했다.

2035년까지 완료될 것으로 예상되는 이 사업은 탄도미사일, 로켓, 포탄 등 단거리 및 중거리 위협에 대응하기 위해 특별히 설계된 국내 개발 방공 시스템을 만드는 것을 목표로 하고 있다.

한국형 아이언 돔 체계에 대한 구체적인 내용은 군사비밀에 속하지만 초기 계획에는 다음과 같은 주요 구성 요소가 포함되었을 가능성이 높다.

레이더 시스템 : 정교한 레이더 시스템은 실시간으로 들어오는 위협을 탐지, 추적, 분류하는 데 사용된다. 이 시스템은 표적의 궤적과 잠재적 충돌 지점에 대한 정확한 정보를 제공하여 방어 시스템이 요격에 대한 정보에 입각한 결정을 내릴 수 있도록 하는 데 중요한 역할을 할 것이다.

요격 미사일 : 한국형 아이언 돔은 공중에서 날아오는 위협을 요격하여 파괴하도록 설계된 첨단 요격 미사일을 활용할 가능성이 높다. 이러한 미사일은 단거리 로켓, 포병, 박격포에 대응하기 위해 특별히 설계된 이스라엘의 타미르 요격 미사일과 유사할 수 있다.

지휘통제 체계 : 한국형 아이언 돔에는 레이더 데이터를 처리하고 적절한 대응을 결정하며 요격 미사일 발사를 조율할 수 있는 강력한 지휘통제 시스템이 필요하다. 이 시스템에는 신속하고 효율적인 의사결정을 위해 인공지능과 기타 첨단 컴퓨팅 기술이 통합될 가능성이 높다.

이동식 배치 : 최대한의 방어를 제공하기 위해 한국형 아이언 돔 시스템은 필요에 따라 신속하게 배치하고 재배치할 수 있는 기동성을 갖출 것으로 예상된다. 이러한 기동성은 적들이 시스템을 표적으로 삼기 어렵게 만들고 더 넓은 지역에 대한 방어 범위를 제공할 수 있게 할 것이다.

기존 방어 체계와의 통합 : 한국형 아이언 돔 시스템은 패트리어트 및 고고도미사일방어(THAAD) 체계 등 한국의 기존 방공 및 미사일 방어 체계와 원활하게 통합되도록 설계될 가능성이 높다. 이러한 통합을 통해 다양한 유형의 공중 위협에 대한 계층적이고 포괄적인 방어가 가능해질 것이다.

한국은 독자적인 버전의 아이언 돔을 개발함으로써 방공 능력을 강화하고 외국 기술에 대한 의존도를 낮추는 것을 목표로 하고 있다. 기존의 기술 전문성을 활용하여 특정 방어 요구 사항에 맞게 조정되고 역내 적의 고유한 위협에 더 잘 대응할 수 있는 시스템을 구축해야 한다.

한국은 한국판 아이언돔을 시작으로 첨단 무기 체계개발 가속화, 가시화해서 미들급 무기 체계가 아닌 하이앤드급 최첨단 무기 체계를 구축해 나가야 한다. 물론 이것은 미국의 또 다른 견제와 재제를 불러올 것이다.

하지만 작금의 국제정세는 미국 내에서도 한국의 핵무장을 용인해야 한다는 주장도 나오고 있는 시점에 이르러 있다.

대세를 우리 편으로 바꾸어놓을 영명한 지도자가 기다려지는 시점이기도 하다.

K-방산이 열어가는 새로운 미래
한국이 세계에서 '가장 혁신적인 국가'가 된 방법

불과 60년 전만 해도 한국은 국민 대다수가 빈곤층이었으며, 1인당 국내총생산(GDP)은 아이티, 에티오피아, 예멘보다 낮은, 세계에서 가장 가난한 나라 중 하나였다.

에즈라 보겔(Ezra Vogel) 하버드대 명예교수는 "전기가 들어오는 가정이 거의 없었고, 한국의 유일한 산업은 섬유뿐이었다"고 말하고 있다.

에즈라 보겔의 이 말은 한국전쟁 직후 한국의 상황을 잘 보여준다. 당시 한국은 농업 경제가 주를 이루는 아프리카 나라들보다도 빈곤한 국가였다. 한국은 전쟁으로 인해 막대한 피해를 입었고, 이로 인해 전기조차 생산하지 못하는 등 인프라가 부족했다.

섬유 산업은 상대적으로 적은 자본 투자가 필요하고 한국의 풍부한 노동력을 활용할 수 있어 당시 한국에서 몇 안 되는 산업 분야 중 하나였다.

박정희 대통령이 이끄는 한국 정부가 섬유 산업 같은 경공업을 넘어서 중화학공업에 매진해서 산업화에 성공한 것을 세계인들은 '한강의 기적'으로 부른다.

이후 수십 년 동안 한국은 경제를 다각화하고 교육, 기술, 인프라에 막대한 투자를 했다. 오늘날 한국은 삼성, 현대, LG와 같은 글로벌 기업뿐만 아니라 전자, 조선, 자동차 제조와 같은 산업에서 선도적인 역할을 하는 것으로 유명한 세계에서 가장 선진적이고 번영하는 국가 중 하나다.

오늘날 한국은 60년 전의 모습과 거의 닮지 않은 세계 10대 경제 대국 중 하나다. 한국의 경제 규모는 세계 최대의 영토를 가지고 있고 제2의 군사 강국으로 알려진 러시아보다도 앞서 있다. 이러한 한국의 발전 비결은 정부, 기업, 연구기관 간의 긴밀한 파트너십을 통해 시장을 창출하는 혁신 문화가 번창한 것이다.

2021년 블룸버그 혁신지수(Bloomberg Innovation Index)에 따르면 한국은 세계에서 가장 혁신적인 국가로 선정되었다. 이 지수는 R&D 집약도, 제조업 부가가치, 생산성, 첨단 기술 밀도, 3차 효율성, 연구자 집중도, 특허 활동 등 다양한 요소를 기준으로 국가를 평가한다. 한국은 특히 연구 개발, 첨단 기술 산업, 특허 활동 분야에서 꾸준히 좋은 성과를 거두었다.

한국은 어떻게 반세기 만에 빈곤에서 벗어나 글로벌 혁신 리더가 되었을까?

정권의 공과(功過)에 대해서는 따로 논해야겠지만, 자국 산업이 번창할 수 있는 환경을 조성한 것은 정부의 강력한 정책지원에 힘입은 바 크다 하겠다. 한국은 반세기 만에 빈곤에서 벗어나 글로벌 혁신 리더로 탈바꿈한 것을 흔히 개발독재의 기적이라 일컬어진다.

박정희 정부는 1962년부터 일련의 경제개발 5개년 계획을 시행하여 한국의 경제 발전에 중추적인 역할을 했다. 경제개발 5개년 계획은 4차에 걸쳐서 이루어졌고 놀라운 성공으로 이어졌다. 박정희가 쿠데타로 집권한 1961년 한국의 1인당 국내총생산(GDP)은 52달러였고, 수출액은 4,100만 달러에 불과했다. 그러던 것이 4차에 걸친 경제개발 5개년 계획이 마무리되어갈 무렵인 1977년 한국의 1인당 국내총생산은 1,034달러였고, 수출액은 100억 달러였으며, 1979년에는 150억 달러를 돌파했다.

이러한 빠른 성장은 강력한 정부 정책, 교육에 대한 집중, 산업에 대한 투자, 문화적 측면 등 여러 요인이 복합적으로 작용한 결과라고 할 수 있다.

강력한 정부 정책 외에도 한국의 성공에 기여한 몇 가지 핵심 요소로 한국인의 뛰어난 교육열을 들지 않을 수 없다. 한국은 인적 자본을 개발하기 위한 수단으로 교육을 우선시했다. 문해력 증진, 교육 접근성 확대, 직업 및 기술 교육에 중점을 두어 고도로 숙련된 인력을 양성하는 데 많은 투자를 함으로써 경제성장에 필요한 인재들을 길러낼 수 있었다. 이렇게 양성된 빼어난 인력을 바탕으로 한국은 섬유, 철강, 조선, 전자, 자동차 등 주요 산업을 중심으로 수출 지향적 산업화 전략을 추구했다. 또한 이들이 이 수출 지향적 산업화의 역군이 되어 산업 현장과 세계를 누빈 덕분에 이를 통해 한국은 글로벌 시장에 진출하고 외환 보유고를 축적할 수 있었다.

한국은 후발주자로서 경제 성장을 위해 연구 개발과 기술의 중요성을 깨달았고 R&D에 집중적으로 투자한 결과 반도체, 통신, 정보기술과 같은 첨단 기술 분야가 빠르게 발전시켰고 세계 시장의 선두에 설 수 있었다.

문화적 측면에서 한국의 유교적 유산은 근면, 교육, 인내를 강조했다. 이러한 문화적 가치는 한국의 빠른 발전과 새로운 기술 및 글로벌 시장 수요에 적응하는 능력을 촉진하는 데 중요한 역할을 했다.

요약하면, 한국은 강력한 정부 정책, 교육 및 산업에 대한 투자, 문화적 가치, 유리한 지정학적 맥락이 복합적으로 작용하여 빈곤에서 빠르게 벗어날 수 있었다. 이러한 요소들이 결합되어 한국은 경쟁력 있는 경제, 혁신적인 산업, 숙련된 인력을 개발할 수 있었고, 궁극적으로 글로벌 혁신 리더가 될 수 있었다.

새로운 지정학 속의 대한민국

한국은 냉전 시대가 종언을 고한 지 한 세대가 흐른 오늘날도 세계 유일의 분단국가다. 70여 년간 남과 북이 총부리를 맞대고 동족상잔과 분단이라는 고난의 역사를 써 나오고 있는 동안 세계는 많이도 바뀌었다. 냉전 체제의 한 축이었던 소비에트연방이 무너지고 공산주의 브록이었던 동구 유럽 국가들이 서방 진영인 나토 국가가 되었다. 가난했던 나라 중국이 G2 국가로 성장했고 분단국가인 한국이 세계 10위의 경제 대국이 되었다. 그러나 한 가지 변하지 않은 것이 있으니 우리는 여전히 남과 북이 총부리를 맞대고 있는 분단국가라는 사실이다. 2차 세계대전의 전범국가인 독일마저 통일이 된지 30년이 지났건만 한반도는 통일이 요원한 상태다.

공산권 붕괴 이후, 단일 패권국가였던 미국의 세력이 약화되면서 중국과 러시아가 다른 한 축을 이루는 지정학적 변화가 일어나고 있고 신냉전 시대라는 말이 회자되고 있다. 2022년 발발한 러우전쟁 이후 세계의 지정학이 요동치고 있다. 미중 패권의 시대, 새로운 지정학의 시대에 한국은 어떤 선택을 해야 할 것인가?

이 책을 마무리하면서 우리는 여전히 희망을 말하고 싶다. 이미 한국은 누구나 넘볼 수 있는 작은 나라가 아니다. 경제 규모도 이미 선진국에 도달해 있고 국방력도 세계 5~6위 권에 속한다. 한국은 지금 세계정세를 쥐락펴락하는 러시아보다 더 큰 경제 규모를 지닌 나라다. 이 땅의 많은 이들은 잘 알고 있지 못하지만….

하지만 지정학적으로 한반도는 어려움에 처한 것은 어쩔 수 없는 현실이다. 한국은 지정학적으로 가장 불행한 위치에 처해 있다. 잘 알다시피 한반도는 '낀나라'다. 주변서 국경을 맞대고 있는 나라가 중국, 일본. 러시아다. 중국은 세계 최대의 인구대국이고 이미 G2 국가가 되어 세계 패권을 노리고 있는 예로부터 우리에겐 애증이 깊은 나라다. 일본은 요즘은 좀 빛이 바랬지만 세계 제

3위의 경제 대국이고 우리에게 너무도 악연이 깊은 나라다. 또 러시아는 어떤가. 세계 최대의 영토를 지닌 나라이면서 우리에게 남북 분단이라는 쓰라린 아픔을 지금까지 남겨주고 있는 세계 제2위의 군사력을 지닌 나라다. 거기다 바다 건너에 있으나 늘 한국의 목줄을 쥐고 있는 최강국 미국이란 나라가 있다.

한반도는 이 네 나라의 틈새에 끼어서 분단된 국가로 살아가고 있을 뿐만 아니라 아직도 남북한이 수백만 대군을 거느리고 서로에게 총부리를 겨누고 있다. 놀라운 것은 그 틈새에서 남쪽은 세계 10위의 선진국으로 도약을 했고 북쪽은 세계 최빈국으로 전락했다는 점이다. 그 체제경쟁의 놀라운 결과에 대해서는 추후에 다른 자리에서 논해야 하겠으나 이 놀라운 결과가 세계인의 주목을 받고 있고 향후 세계정세의 변화에도 많은 숙제를 남겨줄 것이다.

끝으로 한국이 나아갈 길은 디지털 경제, K-방산과 디지털 경제의 접목뿐이라는 점을 강조하며 이 책을 마치고자 한다.

세계를 제패하는 K-방산 스토리

초판 1쇄 인쇄 | 2023년 5월 2일
초판 2쇄 발행 | 2023년 5월 25일

지은이 | 이일장 · 이채윤
일러스트 | 이신영

펴낸이 | 김용길
펴낸곳 | 작가교실
출판등록 | 제 2018-000061호 (2018. 11. 17)

주소 | 서울시 동작구 양녕로 25라길 36, 103호
전화 | (02) 334-9107
팩스 | (02) 334-9108
이메일 | book365@hanmail.net

인쇄 | 하정문화사

ⓒ 이일장 · 이채윤, 2023
ISBN 979-11-91838-15-2 03390

＊책값은 뒤표지에 표기되어 있습니다.
＊잘못 만들어진 책은 구입처에서 교환해 드립니다.
＊이 책의 디자인엔 KoPubWorld, 빙그레, 아리따 서체를 사용했습니다.